JN176488

イチジクの作業便利帳

真野隆司 編著

農文協

まえがき

近年、果実類の消費は伸び悩み、各樹種とも生産が減少するなかにあって、イチジクはマイナー果樹であるものの生産量が増加傾向にあり、単価も比較的好調に推移している。これは、生産費が比較的かからず、水田転作果樹として高齢者や女性にも栽培しやすいうえ、消費者に「健康果実」としての知名度が高まってきたことが背景にあると考えられる。

しかし、栽培しやすいとはいうものの、イチジクにはその果実や樹体の特性に起因する栽培上の問題点がいくつか存在する。いざ、つくり始めてはみたものの、意外に生産が伸びない。たとえば品質不良で市場での評価が低い、ちょっと天気が悪いとすぐ市場からクレームがくる、ちゃんと防除したはずなのにアザミウマに悩まされる、等々。一生懸命やっているのになぜだろう、どうすればよいのか。本書は、そのような実際にイチジクを栽培し、もう一段のステップアップを目指す方々の参考としていただくために著わしたものである。その大筋を真野が構成し、各府県のイチジクを研究してきた皆さんに分担して執筆いただいた。

著してみるとイチジクはまだまだ知見が少なく、推定でものをいわざるを得ない部分がある。また、もう少し現場で十分に実証や検討を行ないたい技術もある。しかし、あえてその現状を書くことでさらに現場で磨かれ確立する技術もある、と考えて新しい技術についても著した。もとよりこの本がベストではない。足りない部分は今後の研究、普及にかかわる皆さんのみならず、生産者の皆さんにも議論していただきたい。本書がイチジク栽培のより一層の発展と、新しい技術開発のきっかけになれば幸いである。

最後に、資料、写真収集等にご協力いただいた各地の普及センターほか関係機関の皆さん、遅れに遅れた原稿を根気よく待って編集、校正の労をいただいた農文協編集局の皆さんに心から感謝の意を申し上げたい。

2015 年 5 月

執筆者を代表して　真野　隆司

もくじ

3章　休眠期～萌芽期・新梢伸長期の管理

4章　成熟期の管理

5章　休眠期の管理

6章　病気・害虫と生理障害、鳥獣害対策

7章　ハウス栽培の実際

8章　新規開園、幼木養成の勘どころ

9章　新樹形、新栽培法

付　イチジク果実の加工・販売の工夫

1章 ここが大事、イチジクの生育特性

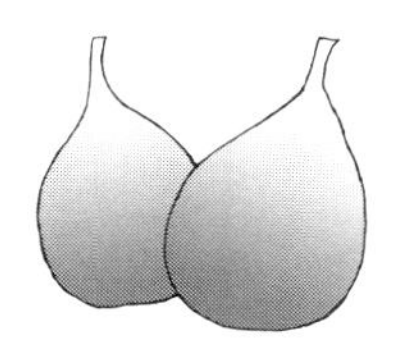

1 もともと日本は条件不利地!?

乾燥した亜熱帯が原産地

イチジクの原産地は、アラビア半島の南部の乾燥した亜熱帯地方（図1-1）とされている。原産地の気温は高く、冬季の平均気温も10℃を下回ることはないため、イチジクは寒さに弱い。また、落葉果樹とはいうが、芽の自発休眠はほとんどないか、あっても浅くて、休眠打破のための低温要求もほとんどない。秋になって生育が止まり落葉するのは、低温による生育の強制的な停止である。晩秋になっても青々としていたイチジクの葉は、霜が降り出すと急に変色して落葉が始まる。逆に秋季でも加温し続ければ、新梢はさらに伸びて着果していく。燃料代などのコストを考えなければ、理論上は周年栽培が可能であるし、実際それに近い栽培も試みられている。

雨は苦手、でも水分要求量は高い

世界におけるイチジクの生産量は約110万t、うちトルコが最多で27万t、以下エジプト17万t、アルジェリア11万tと続き、ほかの主産地もアフリカおよびヨーロッパの地中海沿岸や、アメリカ・カリフォルニアなど、いずれも冬季温暖で年降水量、とくに夏半期（4～9月）の降水量が比較的少ない地域である。それに比べるとわが国は夏季の雨量がきわめて多く、イチジクの栽培には適さない。雨中、

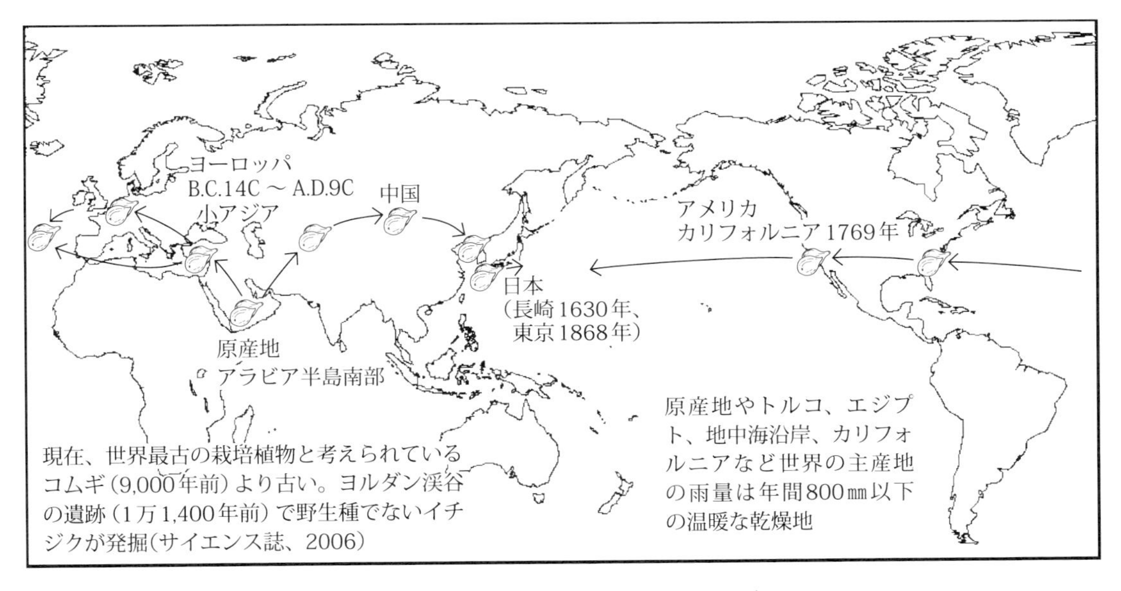

図1-1　イチジクの原産地と世界へのひろがり

雨後に熟したイチジクはとくに腐りやすく、日もちが悪いのはこのためである。

いっぽう、イチジクは乾燥に弱く、湿ったところを好むともいわれてきた。実際、梅雨明け後に晴天が続くと、ほかの樹種はまだ何の影響も受けていないのに、イチジクだけ落葉が始まり、元気がなくなる。乾燥地育ちのはずなのになぜ？

一つには、イチジクの根は湿害に弱く、湿潤で地下水の上がりやすい日本では根が深く入れないことが関係している。とくに水田転換園ではこの傾向がいっそう強まる。また、梅雨期に雨を吸うだけ吸って軟弱徒長ぎみに育ち、梅雨明けと同時に急に高温乾燥にさらされる点も無視できない。鉢植え樹での実験でもイチジクの水分要求量は高い。雨が嫌いなのに水を多量に要する。イチジク栽培のむずかしさといえば、この点にある。

では日本の適地は？

このように、とくに成熟期の雨に弱いイチジクは、日本で適地といえる場所はないが、あえてあげれば、夏に少雨の瀬戸内式気候の地域で、かつ海に近い沿岸部である。これらの地域は、灌がい水に困るところも多いが、内陸部のような冷え込みは弱く、夏の夕立も少ないため品質低下のおそれは少ない。現在の主産地の和歌山（紀北）、兵庫、大阪、福岡など、栽培面積の多い地域や府県が該当する。愛知県はこれらの地域より夏の雨がやや多いが、そのぶん他府県より施設栽培を発展させるなどの努力によって、他県の追随を許さない大産地をつくり上げている。

また、現時点で栽培面積は少ないが、対馬暖流が通る日本海沿岸部（北陸地方まで）は冬季の降水量は多いものの冷え込みは弱く、温暖な地域が多いため、意外に適地であると考えられる。

これに対し、内陸部は気温の日較差（1日の最高気温と最低気温の差）が大きく、沿岸部から離れるほど栽培はむずかしくなる。兵庫県でも海岸から20㎞以上内陸の地域で産地が成立している事例はない（図1−2）。

また、結実生理から考えた場合、イチジクの果実は新梢が伸びるとともに枝の下位節から上位節へと着果して成熟するため、生育適温の期間が長い地域、すなわち発芽が早く秋霜の遅い地域ほど収量が多く、有利である。

一番の栽培制限要因は凍害

イチジクは亜熱帯地方が原産なので、日本のような氷点下となる寒さには弱い。近年話題の「地球温暖化」も、寒さ嫌いのイチジクにとって必ずしもよいとは言いきれない。

温暖化で気温は平均的に上昇すると考えられている。しかしその変化は場所、時期、時間によって異なり、場合によっては低下することもある。この頃の気象災害を見ていて気づくのは、気象が強度の異常値を示すことで、北半球における年平均気温のばらつきが増大していることも指摘されている。現に、イチジクにおける凍害の発生は増加傾向に

◎イチジクは世界最古の栽培植物？

イチジクは世界各地で栽培されているが、その歴史は古く、創世記、アダムとイブの物語にその葉が出てくるように、栽培はギリシャ、ローマ時代から行なわれてきたとされている。さらに近年、約1万1,400年前のヨルダン渓谷の遺跡から野生種でないイチジクが発見されており、従来最古とされてきたコムギ（約9,000年前）を上回る、世界最古の栽培植物であるとの可能性がしめされている（Mordechaiら、2006、サイエンス誌）。裸のアダムとイブが食べた木の実も、寒い国原産のリンゴよりイチジクと考えたほうが納得できそうである。（真野隆司）

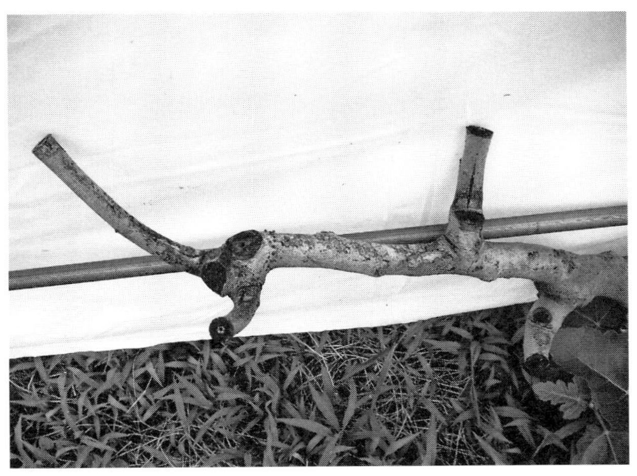

写真1-1　凍害を受けて地上部が枯死したイチジク樹

表1-1　品種による凍害発生の差（単位：%）
（真野、2010）

品種	発芽率	損傷程度
桝井ドーフィン	25	77
ヌアールド・カロン	75	43
イスキア・ブラック	80	5
ネグロ・ラルゴ	90	0
キング	100	8
ビオレ・ドーフィン	100	5
蓬莱柿	100	0
カドタ	100	0
ビオレ・ソリエス	100	0
セレスト	100	0
ブラウン・ターキー	100	0
ホワイト・ゼノア	100	0

注　損傷程度：主枝の背面が損傷し、枯死もしくは崩壊した面積の割合

あり、兵庫県でも2008～2009年と、2009～2010年の冬～春季に県下全域で被害が発生している(写真1-1)。

収益性の高さからイチジクは全国的に増えている。従来は栽培されてこなかった冷え込む内陸部にも導入される動きが強まっている。そのため凍害発生の危険性はさらに増大している。とくに主力品種の「桝井ドーフィン」はもっとも寒さに弱い(表1-1)。

日本におけるイチジク栽培の最大の制限要因は凍害で、現在、それを防止するための技術開発が各地域で取り組まれている。

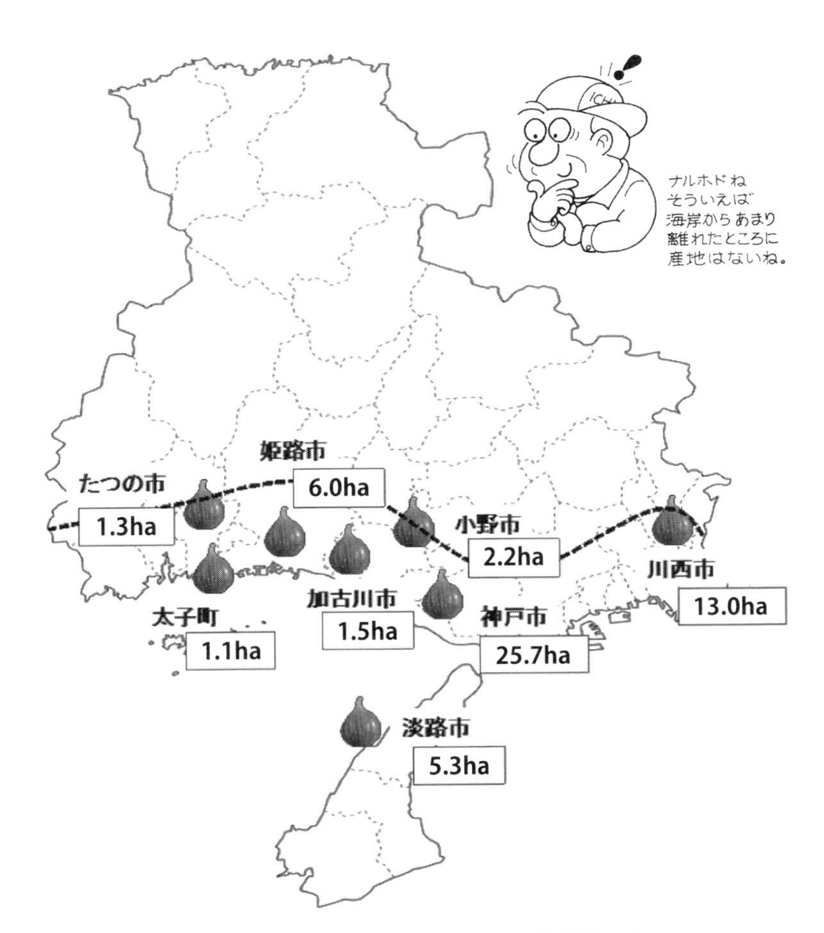

図1-2　兵庫県におけるおもなイチジク産地の分布
（数字は栽培面積、点線は海岸から約20kmの距離を示す：2010）

2 同じ枝に生育ステージの違う果実が混在

イチジクの果実（出荷の主体となる秋果）は、春に発芽した新梢の基部2～3節を除き、各節（葉腋）に着生する。着果は比較的容易で、新梢が伸びるにつれて基部から順次着生し、3～5㎜程度の幼果が見られる（写真1−2）。いっぽう、着果から成熟まではどの果実も75～80日を要するため、イチジクの新梢上には生育ステージの違う果実が混在する（図1−3）。8月中旬に成熟する果実と同時に、新梢の先端部では10月上旬に熟する若い果実が生長を続けているということである。

若い果実の成長促進に肥料や水を効かせすぎれば、成熟近い果実の着色や糖度を落とし、逆にこれらを制限しすぎれば、収穫期後半の収量が急に落ちる。この匙加減のむずかしさもイチジク栽培の特色である。　（真野隆司）

3 省力、高品質、多収の新技術続々——発展途上の果樹

脱マイナー果樹へ

イチジクが日本に渡来したのは江戸時代の初期と考えられている。しかし、成熟したイチジクの果実はいたみやすくて輸送がむずかしく、もっぱら庭先で栽培される果物として定着してきた。現在でも、農林水産省の統計では「特産果樹」というマイナーな樹種に分類されている。もっとも、消費者にすぐに届けられる都市周辺では、地の利を生かして、古くから換金作物として栽培され、経済成長とともに、国内のイチジク生産も大幅に伸びてきた（写真1−3）。2011年現在の生産量は約1万2,000tで、ほかの特産果樹より桁ちがいに多く、主要果樹のキウイフルーツ（約1万8,000t）に迫る量である。

日本で栽培される品種の7割は「桝井ドーフィン」、残りが「蓬萊柿」で占められるが、どちらも元は外国の品種である。おもな果樹では、たいてい国内で改良された品種がつく

写真1−2　イチジクの着果始めのようす

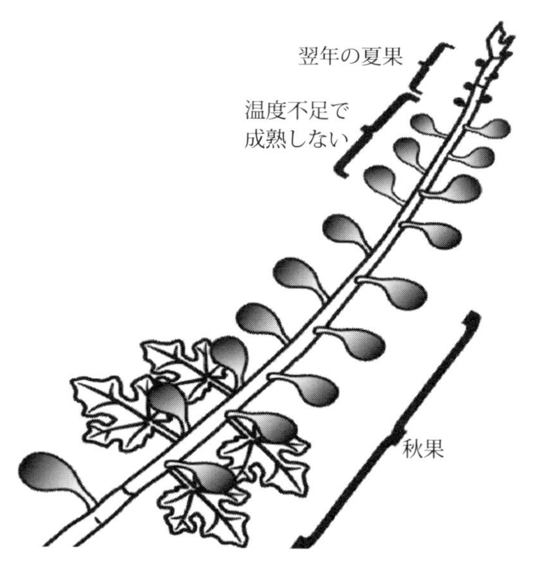

図1−3　イチジクの着果習性（木谷原図）
1本の枝に違った生育ステージの果実が並ぶ

写真1-3　市街地で栽培されるイチジク
（大阪府羽曳野市）

られている。その意味ではマイナー果樹といわれても仕方ない。しかし、近年になって福岡県を中心に精力的な育種が行なわれ、「姫蓬莱」や食味にすぐれた「とよみつひめ」など新しい品種の普及が進み、イチジクが日本の果樹としての存在感を少しずつ高めている。

同じことは栽培技術についてもいえる。日本の果樹栽培は「芸術的」とまで評され、経験にもとづく高度な職人芸が磨かれてきた。しかし、イチジクの場合はむしろ職人芸がなくてもちゃんと生産できる技術を進化させてきた。

兵庫県で開発された一文字整枝法はその代表的な技術だ。枝が整然と並ぶため、作業の能率が上がるとともに高度な経験がなくても栽培しやすい利点がある。樹の形をこれほど人工的にできるのは、伸びる枝にどんどん実をつけるイチジクの習性に負うところが大きい。いい換えると、イチジクは人の都合に合わせたさまざまな栽培法を工夫できる可能性を秘めている。これからの技術の伸びしろが大きい果樹ということでもある。この後の本書ではそうした技術について取り上げ、紹介していく。

省力、高品質、多収の開発技術

①白色マルチ栽培や棚栽培、リフレッシュせん定など

たとえば、ビニルハウスなどの施設を利用した促成栽培は古くから取り組まれているが、最近ではコンテナなどで根域を制限したり、トマトのようにロックウール培地だけで栽培したりするなど、温度だけでなく肥料や水、場合によっては炭酸ガスなどの環境条件をさまざまに制御する栽培も行なわれている。

また、露地では白色の不織布シートを敷くことで土壌中への雨水の浸入を防ぎ、その影響を軽減するとともに、白色による光の反射効果で果実品質を上げる栽培法が考案されている。

整枝・せん定では、果樹としては個性的な一文字整枝やX字形整枝のほか、最近ではブドウの短梢せん定のように枝を配置する主枝高設型の整枝法（写真1-4）、1年生枝を使って主枝を毎年更新するリフレッシュせん定、主枝を接合して樹を数珠つなぎにするジョイント整枝など、新しい仕立て法が続々と開発されている。

いっぽう、イチジクの栽培者は、女性や高齢者などが10a程度の小規模経営で始める場合が多く、手軽に少しでも早く収益を上げたいという声が多い。そこで、開園後２～３年

写真1-4　ブドウ短梢せん定栽培のように枝配置するイチジクの棚栽培
（大阪府環農水研）

写真1−5　株枯病で枯死した桝井ドーフィン
（細見原図）

の早い時期に成園並み収量を上げられる超密植栽培が検討されている。切りつめて強せん定となるため、樹勢の弱い「桝井ドーフィン」に限定される技術であるが、いや地条件下の樹勢維持対策、凍害発生時の早期回復策としても期待される。

②防除薬剤も増えている

ひと昔前は、イチジクに使える農薬は数えるほどしかなかったが、最近は60種類以上の農薬が登場している。農薬の選択肢が増えただけでなく、単一の薬剤を連用することによる抵抗性病害虫の出現といったリスクも減らせる。

化学農薬ばかりでなく、果実内部を褐変させるアザミウマ類の被害は、前述の白色マルチシートで減らすことができるほか、アザミウマが侵入する果実の目を覆う粘着性のシールも市販されている。また、農薬に代わるという点では、抵抗性台木を使った土壌病害の防除もある。

③抵抗性台木も続々

これまでイチジクはもっぱら自根で栽培されてきた。挿し木発根が容易で簡単に苗がつくれることや、伸びた枝には簡単に実がつき、定植した翌年にも収穫を始められるなど、あえて台木を用いる必要がなかったからだ。

いっぽうで、樹を極端に弱らせてしまう「いや地」の発生やネコブセンチュウの寄生など、土壌由来の障害に農家は悩まされてきた。最近では、「イチジク株枯病」が蔓延して問題となっている。

株枯病は、その名のとおり株ごと樹が枯れてしまう土壌病害で（写真1−5）、いったん発病すると薬剤による根絶はむずかしく、栽培を断念せざるを得ないケースもある。主要品種の「桝井ドーフィン」や「蓬莱柿」は、この株枯病に弱く、自根のままでは被害を回避できないため、抵抗性台木の利用が研究されてきた（写真1−6）。今のところ、いや地や株枯病を完全に防ぐ台木はないが、いや地については「ジディー」が、株枯病については「ネグローネ」などの品種が有効である。最近では、福岡県から、いや地にも株枯病にも有効な「キバル」という台木専用の品種も発表されている。

このように、イチジクは「発展途上」の果樹であり、これから広く普及が期待できる技術も多い。試験段階のものもあるが、伸びしろのあるイチジクの技術として本書では積極的に紹介していきたい。　（細見彰洋）

写真1−6　株枯病抵抗性台木に接いだ苗
（細見原図）

◎夏果と秋果

４つのタイプ

イチジクは着果習性が異なる４つのタイプ（表１-Ａ）に分類される。このうち日本では、受粉に必要なイチジクコバチが存在しないため、単為結果性（受粉しなくても着果する）をもつ品種のみが栽培されている。

イチジクの果実は、その生育特性によって「夏果」と「秋果」に分類される。

夏果は、前年度伸長した枝に着生した３～５㎜程度の幼果がそのまま越冬し、春の発芽とともに発育を開始する果実で、６～７月頃に成熟する。前年度伸長した枝の先端部を中心に着生することが多く、着果数は秋果に比べて少ない。「桝井ドーフィン」にも存在するが、ほとんどの場合、せん定で切除され、収穫されることはない。「蓬莱柿」ではせん定を弱めに行なうため、少数ではあるが夏果をつけ、収穫もされている。

いっぽう、秋果は、新梢が伸びるにしたがって下方から順次着果して、その年に成熟する果実である。「桝井ドーフィン」や「蓬莱柿」の収穫はこの秋果が対象で、８月以降から、秋冷のため果実が成熟できなくなるまでの間、収穫される。

表１-Ａ　イチジクの着果習性別分類

タイプ名	特　徴	おもな品種
カプリ種	栽培品種の祖先、花托内に雄花と雌花をもつ	パルマタ、スタンフォード、サムソン
サンペドロ種	夏果は単為結果するが、秋果はカプリ種の受粉を必要とする	キング、ビオレ・ドーフィン、サンペドロ・ホワイト
スミルナ種	夏果、秋果ともカプリ種の受粉が必要、日本では着果しない	カルミルナ、スタンフォードスミルナ、カッサバ
普通種	夏果、秋果とも単為結果する。日本での栽培品種はほとんどこのタイプ	桝井ドーフィン、蓬莱柿、とよみつひめ、ホワイト・ゼノア

サンペドロ種の「キング」

「キング」は、サンペドロ種といわれる品種群に属し、夏果のみ単為結果性をもつ。秋果は着果するものの、日本では受粉に必要な昆虫、イチジクコバチ（ブラストファーガ）がいないため、不受精でやがて落果してしまう。このタイプのイチジクには「ビオレ・ドーフィン」、「サンペドロ・ホワイト」などがある。このうち「ビオレ・ドーフィン」は大果で品質もよいが、着果数は少ないのに対し、「キング」は着果数が他品種と比較してきわめて多い。またその後の生理落果も少ないため、夏果専用種中、もっとも多収である（表１-Ｂ）。　（真野隆司）

表１-Ｂ　イチジク各品種の夏果の果実品質

品種名	果重（g）	糖度（Brix）	果皮色	着果数（個/枝）	落果率（%）	収量（g/枝）	収穫期（月/日）
キング	49.3	17.3	黄緑色	18.0	15.5	764	6/26～7/23
ビオレ・ドーフィン	68.9	16.5	赤紫色	4.2	76.0	69	7/7～7/15
サンペドロ・ホワイト	40.0	14.7	黄緑色	8.1	98.0	8	7/7～7/23

《イチジクのおもな樹形》

◎一文字整枝（写真 1–A）

現在、「桝井ドーフィン」のほとんどの産地がこの整枝法を採用している。

本整枝法は樹高が低く（主枝高さ約50㎝）、結果枝の高さと配列がほぼ一定であるため、盃状形整枝や開心形整枝と比べ、作業能率および快適性にすぐれている。両側にまっすぐ主枝を伸ばすというきわめてシンプルな樹形と、直線に移動するだけという作業性のよさが評価されている。また、ハウス栽培も導入しやすい。

写真1−A　イチジクの代表的な樹形の一文字整枝
「桝井ドーフィン」のほとんどがこの樹形を採用

写真1−B　X字形整枝のイチジク樹（細見原図）

写真1−C　樹高が低く風害が少ない盃状形整枝
（玉木原図）

しかし、本整枝法は盃状形や開心形整枝より生育が旺盛で、樹勢が強くなりやすいこと、下位節の日当たりが悪く、着色不良になりやすいなどの問題点もある。また、放射冷却を受けやすい地表面近くに主枝があることから、凍害の危険性も高い。

現在、主枝高を高くすれば凍害を軽減でき、かつ果実品質も良好であることが明らかになりつつあり、今後の技術の発展が期待される。

◎盃状Ｘ字形整枝

盃状Ｘ字形整枝は、写真１−Ｂのように主枝を４本、Ｘ字の形に仕立てる樹形で、愛知県を主体に採用されている。栽植距離は3m×3m、主枝高は30㎝と一文字整枝より低くとる。一文字整枝に比べ、主幹から主枝先端部までの結果枝が揃いやすく、側枝や結果枝の更新も比較的行ないやすいが、主幹部近くの結果枝下段の着色が悪く、うねに踏み込む作業があるため、作業性にやや劣る面がある。凍害の危険性は、主枝高が低いため一文字整枝と同等もしくは高いと考えられる。

◎開心自然形整枝

「蓬萊柿」など、「桝井ドーフィン」以外の樹勢の強い品種にも適する。古くから行なわれている整枝法であり、樹形は立体的で樹勢も調節しやすく、かつ早くから安定するため、果実品質も良好である。しかし、樹高が高くなり、管理や収穫作業に手間がかかるうえ、強風による倒木も発生しやすい。また、結果枝の揃いをよくするためのせん定は、慣れていないと複雑で労力もかかる。

◎盃状形整枝（写真１−Ｃ）

開心自然形整枝に比べれば、樹高が低いため風害が少なく、作業性もよい。下段の着色も比較的良好で、「桝井ドーフィン」の古い産地では、現在でもこの整枝法を採用している園がある。しかし、結果部位が平面的になり、結果枝も下垂しやすいので風による傷果も生じやすい。また、作業動線も複雑で、一文字整枝より作業性が劣るため、近年は減少している。

（真野隆司）

イチジクの各種樹形の概要と特徴（細見原図）

樹　形	特　徴	樹形模式図（平面）
開心自然形	骨格：3本程度の主枝を放射状に伸ばし、亜主枝、側枝、結果母枝を出す 空間利用：立体的（効率的） 樹勢の調整：自由度が高い 果実品質：安定 作業能率：悪い せん定法：間引き、切り返し 適合条件：耕土が深く肥沃な土壌、強勢品種	
盃状形	骨格：4本程度の主枝を伸ばすが、枝の序列は開心自然形ほど明確ではない 空間利用：平面的（やや非効率） 樹勢の調整：やや困難 果実品質：やや安定 作業能率：やや悪い せん定法：切り返し 適合条件：耕土が浅い土壌、中～弱勢品種	
一文字整枝	骨格：主枝を水平一直線に伸ばし、新梢を均等に並べて配置する 空間利用：線的（非効率） 樹勢の調整：困難 果実品質：不安定 作業能率：よい せん定法：切り返し 適合条件：耕土が浅い土壌、中～弱勢品種	
X字形整枝	骨格：一直線の主枝を2列平行に伸ばし、新梢を均等に並べて配置する 空間利用：線的（非効率） 樹勢の調整：やや困難 果実品質：やや不安定 作業能率：よい せん定法：切り返し 適合条件：やや耕土が深い土壌、中～強勢品種	
平棚H形整枝	骨格：H型の主枝4本を棚面に伸ばし、新梢を水平に誘引し、均等に並べて配置する 空間利用：きわめて平面的（非効率） 樹勢の調整：やや困難 果実品質：やや不安定 作業能率：よい せん定法：切り返し 適合条件：やや耕土が浅い土壌、中～強勢品種	

（農業技術大系果樹編第5巻追録27号「イチジク」51p第1表に加筆）

◎平棚H形整枝

樹勢の強い「蓬莱柿」で、省力化がはかれる樹形として期待されている。ブドウの短梢せん定を応用し、主枝を4本H型に仕立て、各主枝上に左右交互20cm間隔で結果枝を配置する。せん定や新梢管理が単純化するとともに、結果枝が棚面に規則正しく配置されるので、作業動線が直線化して省力になる。ただ、結果母枝を2芽で切り返すため、従来の間引きせん定主体のときと比べて新梢生育が旺盛になりやすい。その結果、果実品質が劣ったり、熟期が遅れたりする場合がある。そのようなときは、新梢を7月下旬に15節程度残して摘心する。樹冠拡大途中の若木では、樹勢を見ながら施肥量を加減する（112ページも参照）。

（粟村光男）

イチジク栽培の勘どころ

作業改善の10のポイント

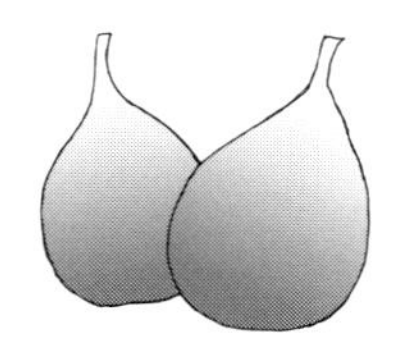

その1 凍害をどう軽減するか

1章で述べたとおり、わが国の主要品種「桝井ドーフィン」の最大の難敵が凍害である。わが国でイチジク栽培を成功させようとすれば、第一にこの凍害の克服が課題になる。

園地選択、樹体管理などの検討と、被害にあったときの備えが必要だ。

凍害の出やすい立地条件を見抜く

凍害を回避しやすい地域は1章12ページのとおりだが、同じ産地でも凍害を受けやすいところ、そうでないところがある。

たとえば、高速道路の土手沿いにたまった冷気のためそこだけ凍害を受けた園もあれば、北側にライスセンターが隣接していたおかげで寒風が遮られ、地域で唯一凍害を免れた園もある。このように、実際の栽培では少しの条件の違いで凍害発生に差が出ることが多い。

立地条件をよく認識して、園地を決定すること。これは、仮に凍害が発生しても被害を少しでも軽減できるキーポイントになる。園地を選べず、凍害を受けやすいと考えられるなら、防寒対策をより手厚くするなどして備えておきたい。表2−1は、そうした凍害の出やすい立地条件をまとめたものである。目安にしていただきたい。

凍害になりやすい樹・なりにくい樹

凍害は、立地条件だけでなく樹体条件にも左右される。

①貯蔵養分が少ない樹

ポット試験の結果だが、秋に強制的に葉を除去した場合、その時期が早いほど苗木は凍害を受けて枯れた。また、秋に地植えの2年生樹に環状剥皮を行ない、人工的に枝中の貯蔵養分を高めると、凍害を軽減できた（表2−2）。このほか、若木や苗木など、徒長的な生育をしている樹ほど凍害を受けやすいことも知られている。これらのことから、休眠期の

表2−1　凍害を受けやすい立地条件、受けにくい立地条件

適地	広域	・海岸部
	↓	・冬季、海からの風が入りやすい地域 ・湖沼、河川やため池の隣にあり、近くに水面がある場所 ・都市部でまわりが住宅に囲まれている場所。隣接していればさらによい
	詳細	・南側が開け、北側に構造物があるなど寒風が当たらない場所
不適地	広域	・内陸部
	↓	・山から吹き下ろす寒風がそのまま当たる地域 ・まわりより低く、盆地状の場所 ・谷筋や、谷の出口付近
	詳細	・地域のなかでもよく遅霜があり、野菜などが枯れたことがある場所

表2-2　環状剥皮がイチジク2年生樹の凍害発生と貯蔵養分含量に及ぼす影響(2003)

試験区	枯死芽率[z]（%）	デンプン含量(mg/g・fw)	糖含量(mg/g・fw)
無処理	34.1	6.9	21.7
環状剥皮	7.8	23.5	33.3
有意性[y]	＊＊	＊＊	＊＊

注　z：1年生枝上の完全芽の枯死率
　　y：＊＊：1%水準で有意
　　枯死芽率はx^2検定法、貯蔵養分はt-検定法

樹体内に貯蔵養分（糖、デンプン）が少なければ凍害に弱く、多ければ強いと考えられる。では、貯蔵養分をどうやって増やすのか。

じつは前述の環状剥皮も、凍害を減らすことはできたものの剥皮部分の癒合が悪く、かえって樹の生育は悪くなった。癒合しやすい剥皮の幅など、検討の余地はあるが、栽培現場で安易に進めるべき技術ではない。ここはやはり、1樹1樹の受光態勢を見直し、光合成産物を増やすとともに樹の徒長を抑えて樹勢を落ち着かせる基本的な管理が重要である。

②冷えやすい位置に樹体がある

庭先で放任しているイチジクは枯れないのに、いざ栽培してみると頻繁に凍害を受けてしまう、という話はよく聞く。なぜだろうか。

兵庫県で開発された一文字整枝は、作業しやすい樹形として多くの産地に普及しているが、主枝の位置が地上高50㎝前後と、冷え込みやすい地表面近くにあり、放射冷却を受けやすい。背面部はとくに夜間に放射冷却を受けるうえに日中は直射光を強く浴びるため、温度上昇も急激でいたみやすい。現在、凍害が軽減され、かつ果実品質や作業性に影響のない、適当な主枝の高さが検討されている。

被害後の対策は

不幸にして凍害を受け、地上部がみんな枯れてしまっても、諦めるのは早すぎる。せっかく植えたイチジクである。よほど寒い地方でないかぎり、春には株際から新しい枝が出てくる。この枝を利用し、チャレンジすることは可能だ。ただしそのさいは以前より十分な防寒対策をする。

表2-3　栽植間隔が凍害前後のイチジクの生育と収量に及ぼす影響(2005～2007年)

株間(m)	凍害前(2005年)	凍害後1年(2006年)	凍害後2年(2007年)
	新梢長(㎝)		
0.8	139.3 a[z]	145.3 a	137.4 a
2.0	108.7 b	148.6 a	125.0 ab
4.0	86.0 c	152.0 a	106.8 b
	結果枝数(本/樹)		
0.8	4.0 c	4.0 a[y]	4.0 c
2.0	10.0 b	4.0 a	9.3 b
4.0	20.0 a	4.0 a	16.7 a
	収穫果数(個/枝)		
0.8	13.8 a	9.8 a	11.7 a
2.0	13.0 a	9.5 a	11.0 a
4.0	12.3 a	9.0 a	11.0 a
	収量(kg/樹)		
0.8	3.77 c	1.60 a	3.22 c
2.0	8.40 b	1.32 a	6.91 b
4.0	16.62 a	1.82 a	11.96 a
	収量(kg/10a)		
0.8	2,616 a	997 a	2,146 a
2.0	2,333 a	329 b	1,919 ab
4.0	2,308 a	228 c	1,661 b

注　z：同一年次のアルファベットの異符号間は5%水準で有意(Tukey法)
　　y：2006年の新梢本数は1樹あたり4本に調整

筆者らは凍害を受けても、あらかじめ栽植密度を高めておけば早く収量回復できることを明らかにしている（表2-3）。詳細は後述するが（9章113ページ）、あらかじめ凍害の危険性の高い場所では、栽植密度を高くしておくことも備えの一つである。　（真野隆司）

その2　株枯病予防に苗木は自分でつくる

イチジクの枝はほかの果樹に比べとても発根しやすく、挿し木繁殖が容易である。株枯病予防、コスト削減のため自家で苗をつくる

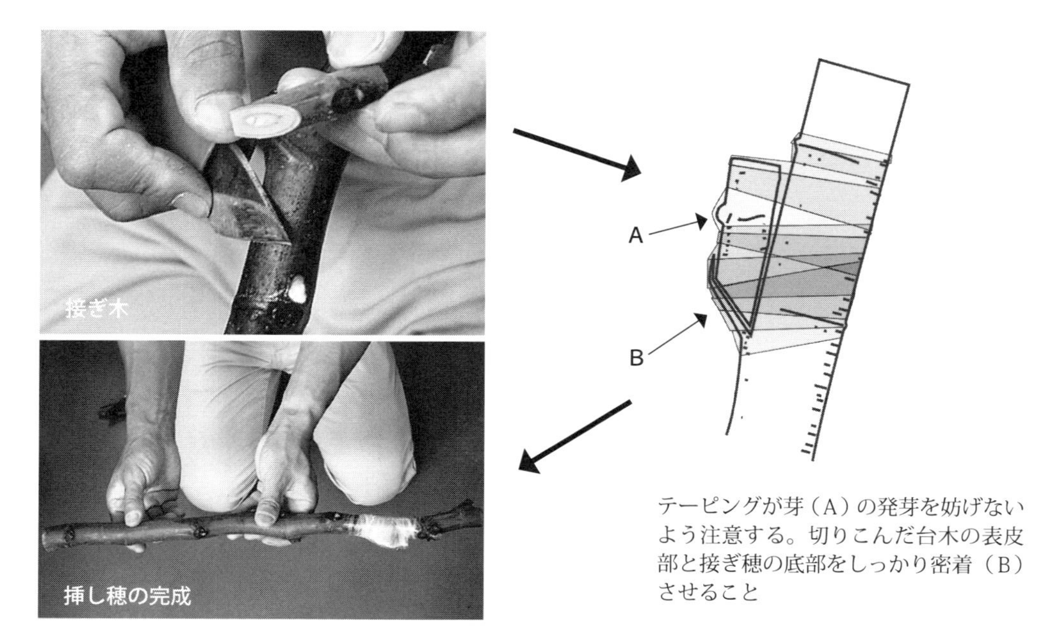

図2-1　イチジク接ぎ木苗作成のための接ぎ挿しの手順（細見原図）

ことをお勧めしたい。挿し木自体は、春先に前の年に伸びた枝（休眠枝）を土に挿すだけの簡単な作業だ。

土と水分の管理がポイント

挿し木の成否を分けるポイントは土と水分の管理につきるといってもよい。つねに水が溜まっていると挿し穂が腐ってしまうので、挿し床には砂質で水はけのよい土を使う。また、株枯病などの土壌病害を広げてしまわないよう、穂木は株枯病発生履歴のない園の枝を使用する。イチジクの栽培跡やその場所の土も使わないようにする。

いっぽうで、水はけのよい土を使っているだけに、根が十分に伸びるまではとくに乾燥に弱い。灌水には十分気を配って土の水分を維持する必要がある。肥料については、新芽がしっかり伸び始めてから与えるとよい。

緑枝挿しもできる

休眠枝ではなく、伸びている最中の枝（緑枝）を挿し木することもできる。挿し木の基本は休眠枝と同様だが、緑枝は土だけでなく、地上に出ている枝や葉も乾かさないようにする。

たとえば、挿し穂の葉は1枚程度を残すが、小さく切り込んで蒸散を防ぎ、挿し床全体はビニルフィルムなどで覆う。蒸れて高温になりすぎないよう、フィルムには小さな穴をいくつかあけておき、直射日光が当たる場合は遮光を行なう。うまく活着すると、元の葉は落葉しても、その腋から新芽が吹いて伸び始めるので、時期を見はからってビニルフィルムを剥がす。あとは休眠枝と同じように管理すれば、休眠枝挿しよりはやや遅れるものの、秋には苗が完成する。

株枯病対策では台木は長くする

イチジク栽培でも台木を使う取り組みが進んでいる。台木を使うには、挿し木に加えて接ぎ木が必要になるが、イチジクは挿し木と同じく、接ぎ木も容易である。通常の接ぎ木法であれば、たいていの方法が使える。また、育苗を急ぐなら、接ぎ木と挿し木を同時に行なって1年で苗をつくってしまう「接ぎ挿し」法もある（図2-1）。

接ぎ木のポイントの1つに台木の長さがある。「いや地」対策など、樹勢を強くするだけなら、その長さを気にする必要はないが、株枯病など幹が腐っていく土壌病害の場合は、台木があまりにも短いと、穂木に病気が及ぶ心配がある。

株枯病防除を目的とした苗木のつくり方については、8章の「苗木づくりの実際」で詳しく紹介する。（細見彰洋）

その3 芽かきで「あともう１本」の欲は捨てる

春に発生する新梢を間引き、本数を制限する「芽かき」が十分にできず、枝数の多い人をよく見かける。

芽かきは、新梢が伸び出した頃に、貯蔵養分の浪費を防ぐためになるべく早く行なうのが基本だが、まだこの時期は葉も茂ってないため、「まぁ、あと１本ぐらい増やしてもいいか」となかなか思い切って整理できない。欲目でついつい多く残しがちになる。しかし、イチジクの成葉はきわめて大きい。混み合ってくると結実部が日陰になり、風通しも悪くなるため、雨天時には腐敗果が発生しやすく、発生期間も長くなる。何よりもイチジクの市場価値を決める果実の着色がてきめんに悪くなる。風による葉ずれの害も大きい。

一文字整枝の場合、基本は主枝1mあたり４～５本の新梢である。「あともう１本」の欲は捨てよう。

その4 その薬液量で十分ですか？

厄介なアザミウマ防除だが

イチジク栽培で困っているものは何？　というアンケートで、一番多かったのは「病害虫防除」、なかでもアザミウマに困っているという意見が多数を占めていた。

アザミウマはきわめて微小で、果実内部に侵入されると被害は外から見てもわかりにくく、厄介である。また周辺雑草の花にいくらでもいる。とくに近年は耕作放棄地が増えて雑草が多く、イチジク園に侵入してくる危険性はより高まっている。

ではその防除はどうだろう。暦どおりに農薬を散布していても、収穫期近くに果実を割って調べると褐変があり、たくさん被害が出ている。「これは大変！」とそのあと焦って何度も防除しても、いったん加害された果実は治らない。薬が効かないのではなく、この時期防除して効果があるのは、10月以降に収穫する果実だけである。

そうならないためにもう一度見直してほしいのが、薬液の散布量とその方法である。

成分濃度が低い水和剤、薬量はたっぷりと

生産者のなかには、薬液の霧が枝葉あたりに飛んでいっただけで、もう次の枝の散布に移っている人がいる。当然、薬液の散布量は少なく、標準の最低限度とされている10aで200ℓも使わない。規模の小さい人に至っては、手押しの噴霧器で作業し、10aあたり100ℓに達しない人すらいる。水稲の粉剤を散布するイメージなのか、霧が飛んでいけばオーケーと感じているようである。

しかし、粉剤と水和剤では、散布時の有効成分の濃度がまったく違う。粉剤、水和剤の両方が市販されているある薬剤を例にとると、粉剤の有効成分濃度は0.15％なのに対し、水に溶かした状態の水和剤の有効成分濃度は3,000倍液で0.006％、25分の1の濃度しかない。粉剤は煙のように剤が飛んでいっても効くが、濃度の薄い水和剤は、しっかりと薬液が植物体に付着しなければ効果は出ないのである。とくにイチジクは葉が大きいため、一方向からだけの散布では片側しか薬剤がかからず、葉が果実を薬剤からブロックしてしまうことも多い。

細かな霧でゆっくりたっぷり、裏も表もていねいに

薬剤の散布量はだいたい10aあたり200～700ℓが多いが、筆者らの経験では200ℓでは軽度の被害が認められる。しかし300～350ℓに増やせば、被害は皆無といってよい状態にまで抑えることができた。

ナスでも、以前は10aあたり200～250ℓの散布量だったのが、ミナミキイロアザミウマが問題になると400ℓ散布しないと、効果は十分でないとされている（井上ら『60歳からの防除作業便利帳』農文協）。ハダニも含めて、微小な害虫ほど死角になった部位で生き残る可能性は高い。

「細かな霧でゆっくり、たっぷり、裏も表もていねいに」が基本である。

アザミウマの発生消長より着果始めの早晩が大事

普及員や営農指導員のなかには、熱心に粘着トラップでアザミウマの発生消長の把握につとめている人がいる。しかしアザミウマは果実以外に被害を及ぼすわけでなく、またどれだけたくさんいても、果実の目が開かないことには侵入できない。

発生消長も被害度の目安にはなるが、むしろ各園の着果始めの早晩を観察し、1番果の目の開く時期を推定して適正な防除時期を決定し、危険期の害虫密度を下げるほうが重要である。

その5 水やり名人になる

チューブかドリップで灌水

イチジクは雨が嫌いなのに水を多量に要する、と1章で述べたが、夏以降の管理でとくに重要な作業が灌水である。

転作田でつくられることの多いイチジク園の灌水といえば、うね間灌水だが、これは問題も多い。何よりも使う水の量が圧倒的に多く、その大部分をむだに流してしまう。大きな干ばつの年は、水田に入れる水と競合して、

灌水できないこともある。

田んぼの水利施設を使って一度にどっと入れて、さっと切るのは、確かに便利で経費もかからないかもしれないが、それよりもチューブやドリップ方式で少量でもこまめに灌水するほうがイチジクの根にとってはよい。必要量をむらなく、トラブルなく灌水したい。

その場合、水の供給は配管なのか、それにどれくらい圧がかかっているのか、ポンプで近くの水路からくみ上げるのか。また、その水質によってチューブが目詰まりを起こさないか、灌水装置のフィルターはどれくらいの頻度で掃除するのかなど、夏になってあわてないよう、あらかじめチェックしておく。

同じ灌水量でも生育が異なる

むずかしいのは灌水量の設定である。実際、「灌水量の基準はどれだけですか？」とよく聞かれるが、1つの園でもその適量は変わってくる。筆者が、自動の灌水ドリップを用いて日雨量換算2.5 〜 3.0㎜で試験したところ、同じ量を灌水したにもかかわらず、生育は樹勢が強い場所、ちょうどよい場所、生育が劣る場所と見事に分かれてしまった。このように1つの園でもその適量は変わってくる。結局は「樹に聞く」しかないのだが、イチジクを栽培する人それぞれが「自分の園の水やり名人」になってもらうことが第一である。そのポイントなどについては、4章で紹介する。

その6 “危ない果実”は未練なく捨てる

イチジクはとにかく腐りやすい。雨の降る日が続けば、てきめんに腐敗果が増える。以前、初めてイチジクを栽培した人に、「こんなに実を捨てることになるとは思わんかった」とこぼされたことがある。実際、数日収穫を

写真2−1　出荷後、パック内で発生した腐敗果
「これくらいならまあエエか」が命とり。イチジクの選果は「捨てる技術」が大事

写真2−2　品評会に並ぶ見事なイチジク
たくさんあるなかからいい顔しているのを見つけ、うまく組み合わせるのがコツ

休んで、その間の果実を全部廃棄処分、などということはよくある。

降雨日やその直後に出荷する果実の選果にはとくに気をつけたい。ただでさえ廃棄処分が増え、「味も色も悪い」として市場も安値になりやすいこの時期、少しでも出荷量を増やしたくなるのは人情である。しかし、「これくらいならまあエエか」と入れた1個が、てきめんに信用を落とす。個選で出荷する産地なら、市場の仲買人さんは箱の生産者番号を見て買っている。

イチジクの選果とは「捨てる技術」でもある（写真2−1）。

その7　肥料・水で甘やかすな

イチジクは、大果ほど単価も高いが、果実を大きくしようと、肥料や水をやりすぎると、樹勢が強くなって葉も大きくなり、日当たり不良からてきめんに着色が悪くなる。結果として秀品率が落ちる。また、イチジクは成熟前の数日で大きく肥大するのでこの時期に水をやりすぎると、水ぶくれで低糖度の果実ができるだけでなく、目の割れも大きくなってそこから腐りやすくなる。

そして雨が続き、いったん腐敗果が多発し始めると、過繁茂状態で通風が悪いために腐敗果の発生が長引く。こんな樹ほど凍害にも弱い。「肥料・水で甘やかすとロクなことはない」と、肝に銘じておこう。とくに水田転換園の場合、開園から数年は乾土効果で肥料分が効きやすく、徒長ぎみになりやすい。酸性改良の石灰以外、3年程度は無肥料でも十分なくらいである。

その8　最後の詰めは「パック詰め」（写真2−2）

イチジクの品評会でよく賞をとる人の園や作業場を見せていただいたことがある。ごくふつうの管理で、取り立ててすごいことをしているわけではない。しかし、パック詰めされて審査台に上がるイチジクはじつに見事、よく揃っている。本人に伺うと、「やっぱり、たくさんあるなかでええ顔しとる奴をうまいこと見つけんのがコツやな。それとパックのなかの組み合わせや」と笑って話されていた。

もちろん、いつも品評会用に使える色の濃い果実ばかりを選べるわけではないが、そのぶん着色を揃えて、箱のなかにうまく配置する。また、非常に軟らかいイチジクのこと、傷つけないようにていねいに扱う技術も必要である。以前イチゴを手がけたことのあるような人は、さすがにパック詰めに長けている。そんな人が身近にいれば、お手本とすることを勧めたい。逆に、いいイチジクができているはずなのに、単価が伸びない人は、パック詰めで損している可能性がある。

傷果の見落とし、手荒な扱いでむけた皮、乳汁で果皮に貼りついたゴミ、不揃いの果実、これが秀？　と思わせる甘い選果基準、ちょっとした病害虫果……。パック詰め、これが甘いと、最後の詰めが甘いということである。

その9　列間は2～2.2mあけて植える

イチジクの一文字整枝が開発された頃、従来の開心形や盃状形の面積あたりの結果枝数(10aあたり3,000～4,000本)から逆算して、列間は1.5m程度が適当と見られていた。しかし、一文字整枝は強樹勢で枝伸びが旺盛であったため、結果枝下段の、収穫初期の果実の着色が悪くなる傾向があった。その反省から、現在では2～2.2mの広い列間で植えられている。結果枝本数にして10aあたり2,200～2,500本である。その結果、通路までよく直射光が入るようになり、もっとも日当たりの悪い結果枝下段の果実品質が向上している。通風も改善され、腐敗果も減少するなど、結果枝を減らしても得られるメリットのほうが大きい。のちほど紹介する密植栽培でも列間は同じく2～2.2mである。

ハウス栽培では、間口が通常5.5mなので、3列に植えるか、2列に植えるか悩ましいところだが、もともと高温のハウス内は生育が旺盛になりやすい。2列に減らしたほうが、高

列間広々で風通し良好、通路までよく光も入り、腐敗果も減少

品質果実の収穫歩留りはいい。　（真野隆司）

その10 「桝井ドーフィン」と違う「蓬莱柿」栽培のポイント

「蓬莱柿」は「桝井ドーフィン」と異なり、樹勢が強く直立性で大樹になる（写真2−3）。頂芽優勢性が強く枝の発生が少なく、若木の間は新梢が徒長しやすい。新梢生育が旺盛すぎると、着果しにくく、果実の肥大が悪く、糖度が低く、熟期も遅れぎみになる。何より「蓬莱柿」安定生産のコツは、「いかに樹勢を落ち着かせるか」にある。

1樹あたりの新梢本数を多く

「蓬莱柿」に限らずイチジクの新梢生育は1樹あたりの新梢本数に大きくかかわる。密植し、1樹から発生させる新梢本数を少なくすると、個々の新梢伸長は旺盛になる。逆に、疎植し、1樹あたりの新梢本数を多くすると徒長を抑えることができる。「蓬莱柿」では、栽植間隔を十分とって樹冠を拡大し、1樹あたりに配置する新梢を多くして新梢生育をコントロールすることがまず重要である。土壌条件によっても異なるが、栽植距離10m×10m（10aあたり10本植え）の場合、1樹あたり500本（10a 5,000本）の新梢を確保する。

写真2−3　「蓬莱柿」の放任樹（粟村原図）
桝井ドーフィンと異なり、樹勢が強く直立性で大樹になる

結果母枝はあまり切り返さない

「桝井ドーフィン」では樹形により多少異なるが、せん定時にすべての結果母枝を基部1、2芽残して切り返す。しかし、「蓬莱柿」でこのような強せん定を行なうと、発生する新梢が徒長しやすい。樹冠が拡大し樹勢が落ち着くまでは、間引きを主体に結果母枝の切り返しを少なくし、誘引など枝管理を工夫して、なるべく多くの結果母枝を残す。そうすることが、早期多収穫につながる。

樹形完成後は、切り返しせん定も可能だが、新梢を徒長させないことが前提。その範囲でできる切り返しとなる。

夏果が生産できる、ただし副産物として

①７月下旬に収穫できる「夏果」

「蓬莱柿」では間引きせん定を主体とし、結果母枝の切り返しをしない。そのため、結果母枝先端数節に果実がつき、収穫することができる（写真2−4）。この果実（夏果）は新梢の発芽とともに生長を始め、新梢上に着果する

写真2−4　「蓬莱柿」の結果母枝先端に着生した夏果（粟村原図）

表2-4 「蓬萊柿」の夏果の着果量が秋果に及ぼす影響
(粟村ら、1986 ~ 1988)

結果母枝あたり				1果重	
夏果数(個)	夏果収量(kg)	秋果数(個)	秋果収量(kg)	夏果(g)	秋果(g)
2.0以上	0.31	14.3	1.15	114	80
1.5 ~ 2.0	0.16	13.8	1.18	104	86
1.5以下	0.11	9.3	0.81	97	87
0	—	11.8	1.1	—	93

「秋果」に先立って7月下旬に収穫できる。

②十分な灌水で夏果の生理落果を防ぐ

ただ、夏果の単為結果性はあまり強くなく、5月中旬以降、生理落果が多くなる。この時期は新梢の伸長も盛んで養水分競合が活発。そこで灌水を十分行ない、土壌の乾燥を防ぐことで、夏果の単為結果を促進することができる。

③夏果は1結果母枝あたり2果以下に

「桝井ドーフィン」でも、結果母枝を切り返さずにそのまま残しておくと夏果が着生する。ただし、「桝井ドーフィン」の夏果の収穫は7月上・中旬の梅雨末期にあたり、雨よけが必要である。それに対し「蓬萊柿」は、通常の年であれば梅雨明け後に収穫でき、秋果に先立って出荷できることから比較的高単価で販売できる。経営的には、夏果の生産を増やしたいところだが、結果母枝あたりの着生数が少なく、秋果の10分の1程度しか収量が上がらない。しかも、夏果数を多くすると、結果枝上の秋果が小玉化する(表2-4)。夏果はあくまで副産物として捉え、結果母枝あたり2果以下に摘果し、秋果主体の栽培をする。

平棚仕立てと低樹高化

結果母枝の頂芽から発生する新梢は、腋芽から発生する新梢に比べ、発芽期が1週間程度早く、着果が良好で、果実の品質がすぐれ、熟期も早い。結果母枝を切り返さなければこの頂芽から発生する新梢を良好な結果枝として利用できる。

しかし、「蓬萊柿」は頂芽優勢性が強いため、頂芽を利用すると腋芽の発生が抑制され、結実部位が上昇しやすい。さらに必要な新梢数を確保しにくくなる。これまでの「蓬萊柿」栽培では、開心自然形に仕立て低樹高化と頂芽優勢性の緩和のため、主枝、亜主枝、側枝を杭や支柱を使って誘引している(写真2-5)。このような枝の誘引により果実の生産性は高まるが、支柱や誘引ひもが園内に多数設置されるため作業性が悪くなる。そこで、導入されたのが平棚仕立てである(写真2-6)。

写真2-5 「蓬萊柿」の開心自然形
杭や支柱を使って枝を誘引することで生産性は上がるが、作業性は悪くなる

写真2-6 「蓬萊柿」の平棚仕立て(真野原図)
低樹高化とともに、腋芽からの新梢発生が容易になり収量を確保しやすい。品質もよく揃う

通常、ほかの果樹と同様に高さ1.8m程度の平棚を設置し、樹形としては２本主枝または３本主枝の開心形で、主枝、亜主枝、側枝、結果母枝を棚面に誘引する。棚の小張線の間隔は狭いほど枝を誘引しやすいが、最低限50cm間隔を確保する。

平棚仕立てにすることで低樹高化できるとともに、結果母枝の水平誘引により頂芽優勢性が緩和され、腋芽からの新梢発生が容易になる。その結果、棚面に均一に新梢が配置でき、収量を確保しやすい、品質が揃う、結実部位の上昇や枝のはげ上がりが防止できるなど、さまざまなメリットがある。園内に杭や支柱がなくなり、作業性が良好となり、スピードスプレーヤや草刈機など管理機械の導入が容易になり省力化にもつながる。今後の「蓬莱柿」の栽培にあたっては、平棚仕立てを導入することが望ましい。

施肥量は少なめ加減でちょうどよい

チッソ過多によっても新梢が徒長し、果実の肥大が劣り、着色が不良になり、熟期が遅れる。とくに水田転換園では若木の間は樹勢が強くなりやすい。園地によっては、植え付け後５年目くらいまで無肥料でも生育に支障がない場合がある。

イチジクはほかの果樹と比較して浅根性で肥効が現われやすいので、元肥が不足した場合でも、追肥で補いやすい。樹勢が強い園では、施肥量は基準以下とし、樹勢や着果量を考慮しながら施肥量を決めることである。多肥は禁物である。（粟村光男）

3章 休眠期〜萌芽期・新梢伸長期の管理

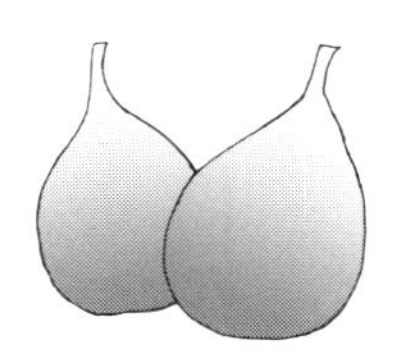

1 最大の難所、凍害を乗り切る

気象変動も発生を後押し

①晩秋から春先に発生

イチジク品種のなかでもっとも寒さに弱い「桝井ドーフィン」の耐凍性は、休眠状態ならマイナス10℃前後だが、春先以降、樹液がまわり出すと急速に弱まり、芽が萌芽状態にあればマイナス2℃以下でほとんどが枯死する（写真3−1）。実際の被害もこの時期のほうが多い。霜の降りるような気象条件（快晴無風）の場合、放射冷却によって地表面近くの樹体は気温よりさらに冷えるため、実際の凍害はこれより高い気温でも発生する。

ただし、近年の凍害は、春先以外にも起こるので注意が必要である。兵庫県では2008年の11月22日に、30年に一度という低温となり、養成中の苗木が多数被害を受けた。この年の秋はそれまで高温傾向で、樹体の活動がまだ旺盛だったことも被害を助長したと考えられる。地球温暖化の影響で、気象の極端な変動が大きな影響を及ぼしやすくなっていることは確かである。

②大きいダメージ

凍害の症状は、苗木や1年生枝では芽が発芽せず、やがて枝全体がしなび、褐変枯死する（写真3−2）。成木では不発芽とともに、主枝の背面、主枝と結果母枝との分岐部や結果母枝の背面にしわやひび割れが生じたあと、

写真3−1　発芽したあと−2℃で凍害発生（円内）
写真は、−6℃〜0℃まで低温に当てて5日後の1年生苗木（桝井ドーフィン）

写真3-2　凍害で枯れた「桝井ドーフィン」1年生枝
（左：被害枝、右：健全枝）

赤いカビや黒いカビを生じて変色する。これらの部位は樹皮下の形成層が枯死しており、容易に樹皮が剥がれて材部がむき出しになる（写真3-3）。また、いたんだ跡にはキボシカミキリなどの樹幹害虫が飛来し、産卵して樹皮下を食害するため、さらに損傷が拡大する。地上部が枯死する場合も多い。　（真野隆司）

③「蓬莱柿」は比較的強いが……

「蓬莱柿」は「桝井ドーフィン」より耐凍性が高く、冬季の低温には比較的強い。さらに、開心自然形か平棚仕立てが一般的なため、「桝井ドーフィン」の一文字整枝より主枝の位置が高く、晩霜被害を受けにくい（写真3-4）。

ただし、発芽、展葉後に極端な低温にあうと、新芽の枯死などの被害を受ける場合がある。ほかのイチジク品種と同様に、導入にあたっては冷気の停滞しやすい地形は避ける。

（粟村光男）

凍害を出さないためには

①ホワイトンパウダーを塗布

イチジクの凍害は、春先になってからわかることが多く、具体的にいつの低温で被害を受けたか明らかでないことも多いが、休眠期に防寒対策をより手厚く行なった園ほど被害は軽い。また、数年に一度しか凍害が発生し

写真3-3　凍害で樹皮がいたみ、材部がむき出しになった枝

写真3-4　手前の「桝井ドーフィン」に比べ、主枝の位置を高く仕立てる「蓬莱柿」（奥）は、晩霜被害を受けにくい（粟村原図）

写真3-5　背面に白塗剤を塗っておく
「ホワイトンパウダー」(白石カルシウム㈱など。凍害防止のほか日焼け防止にも用いる)

写真3-6　防寒対策として稲ワラを4～5cmほど厚く巻く
2～4℃の保温効果はある

ない地域でも、その影響は数年にも及ぶため、できるかぎり実施しておきたい。

前述のように、被害は樹体の背面に多い。その部位に白塗剤（ホワイトンパウダーなど、写真3-5）を塗っておく。塗布する時期は12月であるが、風雨にさらされ薄くなってきたら、3、4月に塗り直してもよい。樹体表面を白色にすると放射冷却も日焼けも緩和されるため保護効果はかなり高いが、被害が多いと想定される場所や地域では、さらに防寒被覆を行なう。

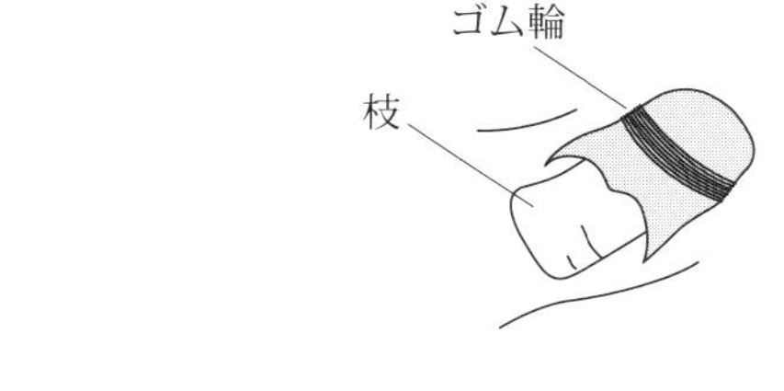

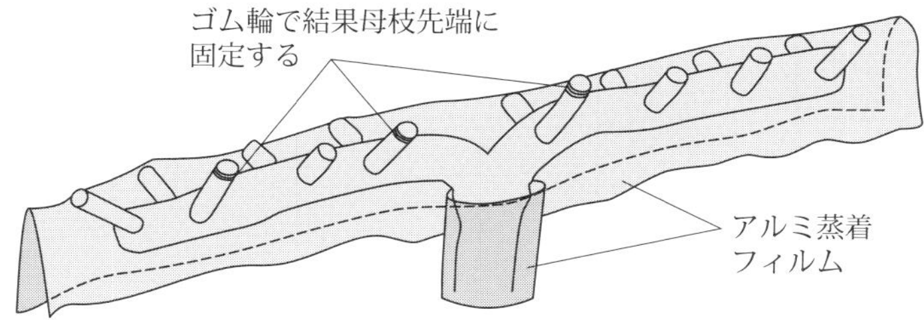

図3-1　アルミ蒸着フィルムの被覆法（堀本原図）
主枝の背面を被覆し、ゴム輪で結果母枝先端に固定（上図）。下面は開放しておく
「ネオポリシャイン」(日立エーアイシー㈱)など

②ワラ、アルミ蒸着フィルムを被覆

おもな防寒被覆には、ワラやアルミ蒸着フィルムがある。ワラは主枝などの背面を主体に、樹全体に厚く（4～5㎝）巻く（写真3-6）。無被覆より2～4℃程度の保温効果があるが、手間がかかるのが（10aあたり約40時間）欠点である。近年はコンバイン収穫のため多量の稲ワラ確保がむずかしいという問題もある。

反射資材のアルミ蒸着フィルム（「ネオポリシャイン」など）を使用する方法もある。低温時の保温とともに日中の直射光による急激な温度上昇を抑制する効果がある。

フィルムは120㎝幅のもので主枝の背面を被覆し、下面を開放しておく。こうすると、地表面からの熱の放射を効果的に受け止めやすくなる。また、直接フィルムと樹体が触れると効果が劣るため、自転車のタイヤチューブを輪切りにしたゴム輪で結果母枝に固定する（図3-1）。ワラ巻き法のほうが保温効果はやや高く、日中の昇温も抑制されるが、所要労力は、ワラ巻き法の4分の1程度で省力的である。両者をあわせ、フィルムの被覆前にワラを主枝の背面にのせる方法もある。とく

写真3−7　凍害発生後の処理（2006）
上から凍害発生樹、枯死した主枝を伐採、発生した1年目の結果枝。生育のよい枝を4本程度残し、主枝候補として再養成する

に主枝が細い幼木期で効果が高い。

③透明ビニルの被覆は逆効果に

なお、被覆資材に透明なビニルなどは使用しない。日中、被覆内の温度が上昇して生育が進み、かえって凍害の危険性が増す。

防寒資材については、「放射冷却と直射光を遮断し、夜間の温度低下と日中の温度上昇を緩和できる」ものであるかどうかを基本にして検討する。

被覆の取り外しは4月上・中旬以降

地域によって差はあるが、休眠期に行なったワラなどの防寒被覆は、4月上・中旬以降に取り外す。萌芽してからだと被覆の取り外し時に芽がいたむため、芽の動きを観察して慎重に行なう。また、霜注意報が発令されたときや、戻り寒波が来ると予想されるときは、ふたたびワラや防寒資材を樹上に戻せるように準備しておく。ただし、敷きワラにするのはよくない。除草を兼ね、樹の近くにも置いておけるが、昼間に蓄積した熱の放射を抑制し、よりいっそう樹体を冷え込ませる結果になる。敷きワラは凍害の危険性が完全になくなってから、早くても5月の連休以降にする。

凍害にあってしまったら

凍害を受けてしまったら、その程度に応じて対策を講じる。

①若木の場合

若木などでは地上部がすべて枯死してしまう場合もあるが、たいてい地際から新梢が何本も発生してくる。そのうち、生育のよい枝を4本程度残し、主枝候補として再養成する（写真3−7）。

このとき一文字整枝でも4本残すこと。いきなり2本にして徒長的な枝を伸ばすより、ある程度養分のはけ口をつくって、充実した枝を養成するほうがよい。下位節が飛ぶため収量は少ないが、ある程度は収穫できる。樹形は、次の休眠期に2本に間引いて完成させる。完成後は地面からいきなり主枝が飛び出したような樹形となるが、イチジクは少々整枝が粗雑でも何とか栽培できる。

②成木の場合

成木では、健全な発芽の見られる部位まで早めに切り戻し、そこから主枝を再養成する。切り口にはトップジンMペースト剤などを塗って保護する。軽度の凍害であれば、発芽が遅れる程度で済み、被害に気づかない場合

写真3-8　凍害によっていたんだ主枝背面部（点線内部）

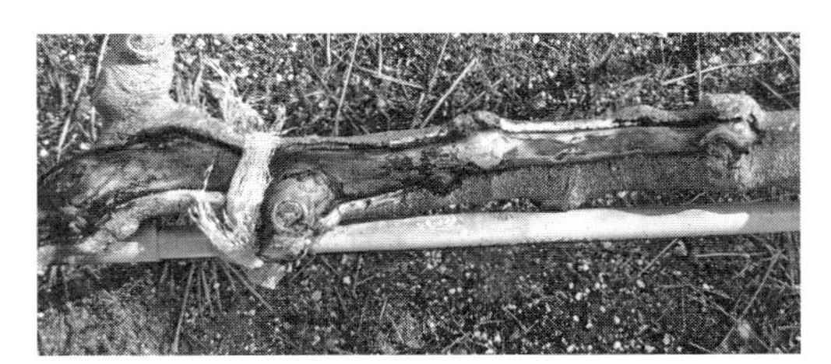

写真3-9　休眠期に枯死した被害部を削り、トップジンMペーストなどを塗布し、保護する

もあるが、数か月後には主枝などの樹体の背面に褐変やひび割れが生じる（写真3-8）。キボシカミキリが産卵、食入するのを防ぐため、これらの部位にはガットサイドSの原液を6～7月頃に塗布しておく。休眠期に枯死した被害部を削り取り（写真3-9）、トップジンMペースト剤などを塗って保護する。

（真野隆司）

◎接ぎ木苗は凍害にも強い

2010年3月27日に、福岡県では晩霜被害があった。福岡県農林試豊前分場（行橋市）のアメダスデータによると最低気温はマイナス1.1℃を記録し、さまざまな果樹で新芽の枯死や発芽障害などが発生した。とくにイチジクの一文字整枝では、主枝の発生位置が地上40～50㎝と低く冷気に遭遇しやすいこともあり、大きな被害があった。

ところがこのとき、同分場に植栽されていた福岡県育成の株枯病抵抗性の「キバル」台に接いだ「桝井ドーフィン」は、晩霜の遭遇後も発芽率が100%となり、まったく被害がなかった（写真3-A、表3-A）。春先の樹液流動開始に伴い耐凍性が低下したときに、晩霜被害を受けやすい。接ぎ木樹が晩霜被害を受けにくい要因は明らかではないが、自根樹との樹液流動の違いなどが関与していると考えられる。

今後、その効果が明らかになれば、晩霜対策として接ぎ木栽培は有効な手段となろう。

（粟村光男）

写真3-A　接ぎ木樹（右）は自根樹に比べ、凍害に強い

表3-A　「桝井ドーフィン」接ぎ木樹と自根樹の晩霜被害（単位：%）　（井上ら、2010）

苗の種類	枯死芽率	未発芽率	発芽率
キバル台樹	0.0	0.0	100.0
自根樹	38.6	31.8	29.5

注　2010年3月27日の晩霜被害

接ぎ木苗は凍害にも強いネ！

2 芽かきで着果調整

イチジクは1節1葉につき1果が基本で、ほかの果樹のように摘果をする必要はない。しかし、高品質果実を得るための着果調整と、樹全体の生育を揃えるため、芽かきを行なう。

芽かきは貯蔵養分の消耗を少なくするため、早めに行なうのがよい。1回目は、展葉数が2、3枚、新梢長5、6cmのときに行なう。樹勢が強い場合は展葉数5、6枚のときに2回目を、さらに強い場合は、展葉数8、9枚で3回目を行なう（表3-1）。樹勢に応じて1～3回に分けて行ない、枝の揃いをよくし、目標の結果枝数とする。樹勢の強い場合は枝による生育差が大きくなるので、遅らせぎみに行なうとよく、強い芽は除き、中庸な生育の芽に揃える（図3-2）。

表3-1　芽かきの時期と目安

芽かき回数	時期		芽かきを行なう樹勢
	展葉数	新梢（cm）	
1回目	2、3	5～6	すべて
2回目	5、6	10～15	中庸～強
3回目	8、9	30～40	強

結果枝の配置間隔

「桝井ドーフィン」の一文字整枝の場合、主枝上の結果枝の間隔は片側で40cm、両側だと交互で20cm、肥沃地では片側で50cm、両側で25cmあける。もっとも、厳密に定規で測ったようにはできないから、主枝1mにつき両側で20cm間隔の場合は5本、25cm間隔の場合は4本結果枝を配置し、間隔の広狭は誘引で調整する。

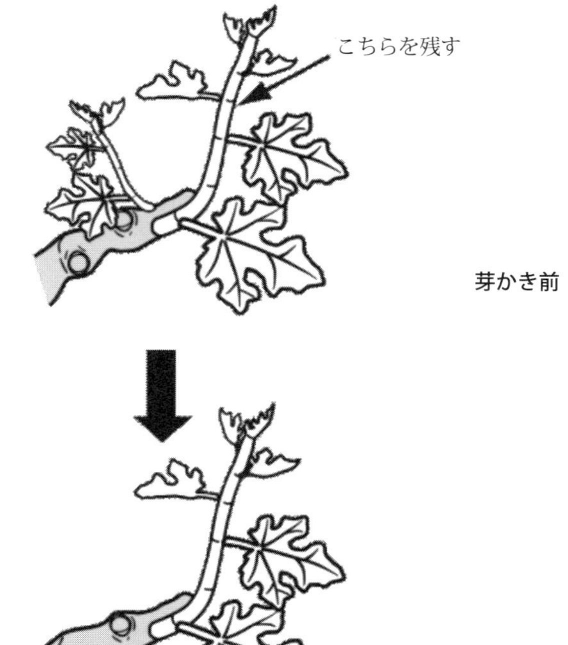

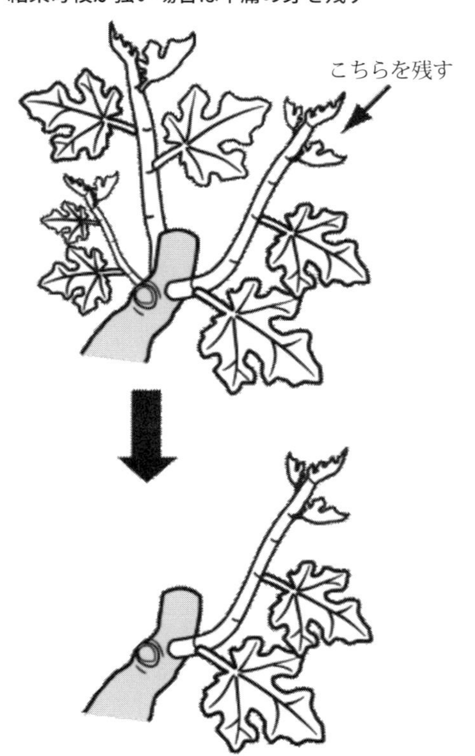

図3-2　樹勢に応じて芽かきを行なう（山下原図）

上手な芽かきの実際（図3-3）

①取る芽はナイフなどで基部から削り取る。

②残す芽は結果母枝の節から出た完全芽を使う。不定芽や陰芽は着果が遅れて飛び節となりやすい。また、前年短く伸びた枝の先端の芽（秋芽）は、動きは早いが、のちに生育不良となりやすいので除く。

③残す芽は横芽または下芽とし、上芽は徒長しやすいので除く。ただし、樹勢の弱い樹、もしくは樹幹拡大が終わった成木の主枝先端部は上芽を残して生育促進をはかる。

④結果枝の間隔を揃え、空間をあけないようにするため、なるべく結果母枝の間隔が広い方向に伸びる横芽を残す。

⑤太い結果母枝から出る芽は強くなりやすいので、基部に近い下芽か横芽を残す。

⑥地際から発生するひこばえは、しっかり基部から削りとる。生育期間中絶えず発生して害虫の巣になるし、除草剤がかかると樹全体に影響が出ることがある。（真野隆司）

①取る芽はナイフなどで基部から削り取る

②秋芽は除く

秋芽の先端。
発育は早いが…

秋芽：1年生枝先端の大きな芽

伸びてくるとこのしわで「首がしまる」状態になり、伸びない

③なるべく横芽を残す
（主枝先端から見た図）

上芽：徒長的に伸びるのでかき取る

横芽：残す芽

主枝先端方向

下芽：よい方向に伸びる芽がほかになければ残す

④結果枝の間隔を調整して揃える
（上から見た図）

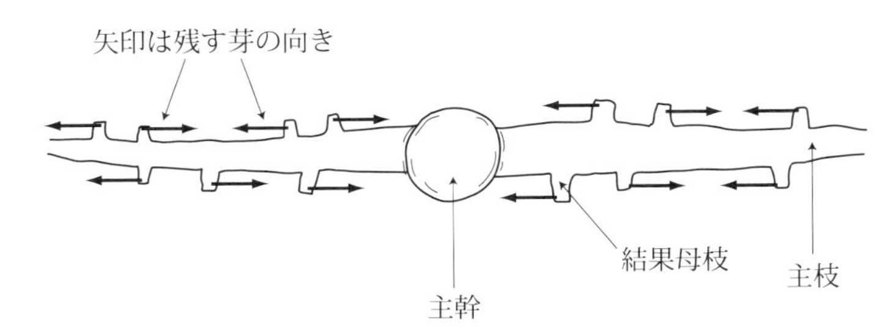

図3-3　芽かきの実際（桝井ドーフィン）

「蓬莱柿」の芽かき

①２、３枚展葉したら始める

平棚仕立てで結果母枝を棚面に水平誘引すると多くの新梢が発生するので（写真3−10）、「桝井ドーフィン」同様、新梢が2、３枚展葉したら芽かきを始める。長い結果母枝では2、3本、中庸な結果母枝では1、２本、短い結果母枝は１本程度の新梢を残す。

②頂芽と基部付近の芽は必ず残す

芽かきはまず頂芽を１本残し、それ以外の結果母枝の上、下の芽はかき取り、横芽から発生した新梢を20㎝間隔で左右交互に残す。また、結実部位の上昇を防ぐため、将来切り戻し候補の枝として結果母枝の基部に近い新梢(芽)は、１本必ず残しておく(図3−4)。

③新梢は棚面１㎡あたり５、６本に

新梢（結果枝）を多く残すほど収量が上がると考えがちだが、新梢が混み合い、収量は増えても果実への日当たりが悪くなり、着色が劣り、糖度が低下し、成熟も遅れる(表3−2)。10aあたりに新梢数は5,000 〜 6,000本（棚面1㎡あたり５、６本)程度が適当である。

④芽かきの早晩で樹勢をコントロール

「桝井ドーフィン」でも述べたように、樹勢の弱い樹は早期に所定の本数になるよう芽かきし、残った新梢の伸長を促す。逆に樹勢の強い樹では時期を遅らせ数回に分けて芽かきし、新梢の徒長を防止する。

夏果は、結果母枝先端部に多いと４〜５果着生するが、多く着けすぎると秋果の熟期が遅れたり小玉になったりする。生理落果終了後の5月下旬に結果母枝あたり１〜２果に摘果する。

（粟村光男）

写真3−10　平棚仕立てにより新梢が多く発生した「蓬莱柿」

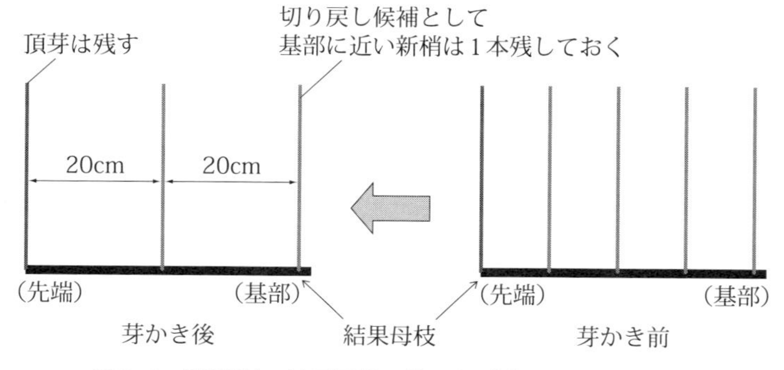

図3−4　「蓬莱柿」結果母枝の芽かき（横から見たところ）

表3−2　「蓬莱柿」の平棚仕立てにおける葉面積指数と果実生産(粟村ら、1993)

葉面積指数	10㎡あたり		収量	果実品質				80%収穫
	新梢本数（本）	葉数（枚）	(t/10a)	1果重（g）	糖度 Brix	果皮色 カラーチャート	着色割合（%）	終了日（月/日）
1.2	32	287	**1.3**	76	**15.4**	4.4	76	10/4
1.7	38	399	**1.8**	89	**15.3**	4.3	71	10/4
2.1	51	520	**2.4**	91	**14.5**	2.6	57	10/7
2.7	72	655	**3.0**	94	**13.4**	2.0	50	10/11

3 新梢管理——誘引、摘心、副梢処理

結果枝は早めに誘引する

芽かきによって適正な数に制限した結果枝も、そのままでは高品質果実を生産できない。「桝井ドーフィン」は開張性で枝が垂れ下がりやすく、早めに誘引しないと通路に倒れて作業の邪魔になるし、結果枝基部の日当たりも悪くなる。また、強風で発生する葉ずれによる傷果も防ぐ必要がある。そこで、6月上旬、展葉枚数10枚程度（新梢長40～50cm）で誘引する。

誘引方法は、7、8節目をひもで結び、巻きつけながら吊し上げ、樹上の誘引線（高さ1.2～1.5m）に結びつける（写真3−11）。ひもの素材は何でもよいが、きつく結ぶとあとで結果枝の基部に食い込むことがあるため、少し余裕をもたせて結ぶ[注)]。また、生育が進むとふたたび結果枝が通路に垂れてくるので、随時誘引ひもに絡ませて結果枝を立てる。ひものゆるみが大きい場合は巻きつけ直す。枝間隔の微調整にやや難があるが、高さ80cm程度に誘引線をもう1本張り（図3−5右）、テープナーで止める省力的な方法もある。X字形整枝では結果枝に沿わせて支柱を立てていく誘引も行なわれている。

注）樹勢の強い若木の「桝井ドーフィン」で6～8月にこの結縛処理を行ない、積極的に結果枝基部に食い込みをつくることで、果実品質の向上と収穫の前進化が可能であることが明らかにされている（大畑『農技大系果樹編』イチジク技14の12−5、農文協2007）。実用化が期待できそうな報告である。

写真3−11 「桝井ドーフィン」の新梢にひもを巻きつけ誘引する
生育が進み結果枝が垂れてきたら、随時絡ませ引き上げる

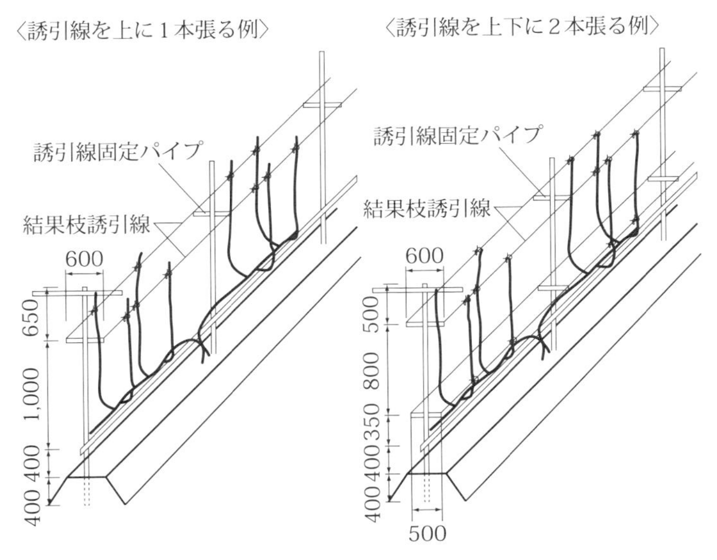

図3−5 誘引線固定パイプと誘引線取り付け例（外川原図）

◎摘心が遅れた場合、夏季せん定

図3−6 「桝井ドーフィン」の摘心と夏季せん定

夏季せん定でなく摘心で

生育良好なイチジクの結果枝は、7月以降も伸び続け、着果も続く。しかし、果実の成熟には着果後75〜80日を要する。そのため、遅く着果した果実は晩秋の低温のため収穫できない。

そこで、余分な葉や新梢に使われてしまう養分を果実に振り向け、肥大や熟期の促進に使わせるために、摘心を行なう。摘心には過繁茂を抑制し、下段の果実への日当たりを向上させる効果もある。

①摘心位置は18節前後、最近は22節でも可に

摘心は展葉していない先端の生長点付近を指先で摘みとる(図3−6左)。何節目で摘心するかは、地域の秋冷の早晩によって決定する。以前は新梢が18節前後に伸長した時点(7月上中旬)で摘心すれば、10月までに熟する果実が収穫可能であり、それ以降は降霜のため収穫できないとされていた。しかし、近年は温暖化の影響からか11月になっても収穫できる年も多く、そういった条件の地域では摘心も22節くらいまでのばすことができる。

ただ、10月以降はそれほど単価も出ないので、摘心の節位は地域の出荷計画(出荷の打ち切り時期)にも配慮して決めておく。

なお、節位は途中に飛び節がある場合でも1節と数える。果実の個数ではないことを忘れずに。

②夏季せん定は果実に悪影響

摘心が遅れ、伸びすぎた節を数節まとめて先端を切る場合もある(図3−6右、夏季せん定)が、先端部の果実が赤く変色することが多い。その後の果実発育や成熟への影響をみた明らかなデータはないが、悪影響を指摘する人もいる。また、樹勢が強い場合は、無理に摘心せず20節くらいまで置く。摘心が早すぎると果実がタマネギのような形状になりやすい。逆に、生育が弱く、目標の節位まで展葉しない場合は無摘心とする。

先端部の副梢のみ残す

摘心を行なうと、結果枝の先端付近から副梢が発生する。樹勢が強い樹では5本以上発生することもある。そのままにしておくと摘心しないのと同じように過繁茂になるので、早めに基部から取り除く。遅れると果実が赤く変色する。ただし、養分のはけ口をつくるため、先端に発生した1本だけは残し、5、6節で再摘心する(図3−7)。すべて基部から除いてしまうと、最上段の果実は扁平果となりやすい。関西ではこうした果実を「エベッサ

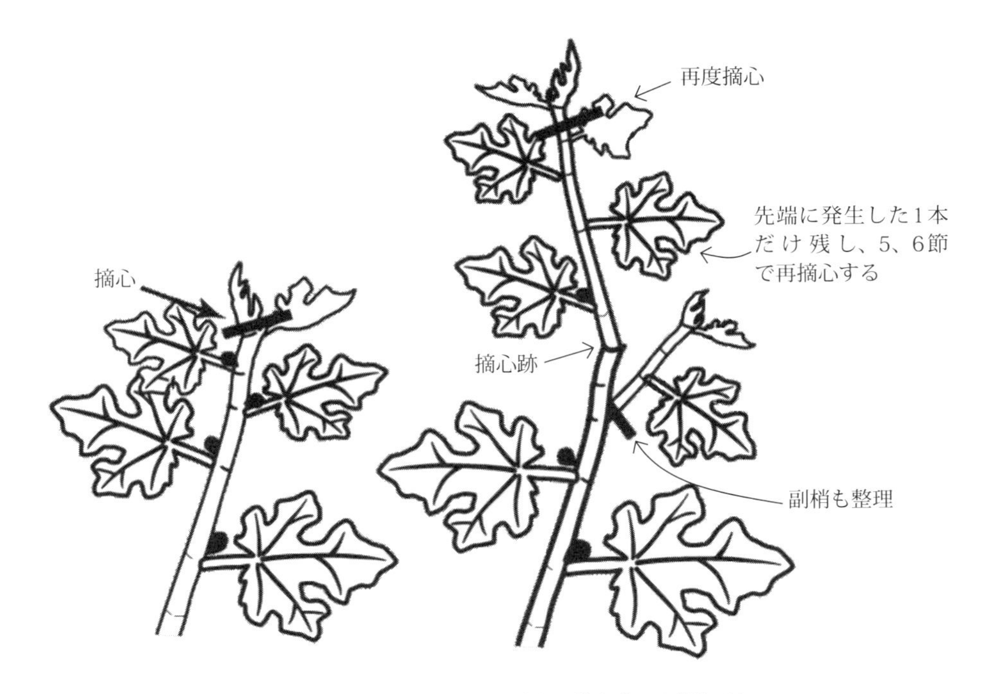

図3-7 「桝井ドーフィン」の摘心と摘心後の副梢処理

ン」(エビス様のくだけた呼び名)、「オタフク」と呼んでいる。

そのほか、樹勢が強い場合には、5月末頃に結果枝基部近くにも副梢が発生することがあるが、これも早めに取り除く(写真3-12)。発生場所が3節目以内で、その場所の芽を次年度の結果枝として使う場合には1葉残して取り除く。元から取ると次の年の芽がなくなって発芽しない。 (真野隆司)

「蓬莱柿」の新梢管理

10aあたりの新梢本数が5,000～6,000本程度となるよう、春先の芽かき、新梢伸長期の枝抜きにより調整する。

平棚仕立てでは通常、新梢を棚面に結束し、水平誘引する。誘引が早すぎると誘引後の副梢発生が旺盛になるので、おおむね新梢伸長が停止する7月下旬から開始し、収穫前の8月上旬までに終わる。このさい、棚面1㎡あたり新梢本数は5、6本を目安にし、不要な新梢は基部より切除する。

写真3-12 結果枝基部に発生した副梢は早めにかきとる(点線部で切る)

新梢は7月下旬時点で伸長停止していることが望ましいが、樹勢が強い樹や、結果母枝をすべて間引きせん定した樹では、伸長停止が遅れやすい。この場合は、水平誘引時に15節程度残して摘心する。摘心後に発生する副梢は、「桝井ドーフィン」の一文字整枝に準じて、先端のものは2、3葉残して再摘心し、ほかはかき取る。 (粟村光男)

4 肥料は過不足なく効かす

追肥は切らさず、効かさずに

イチジクは新梢伸長、果実肥大、果実の成熟が同時並行して進む。このため、年間を通じて樹体内のチッソ含量が過不足なく適度に保たれていることが望ましい。とくに水田転換園のイチジクは根が浅く、追肥の効果（影響）がほかの果樹より出やすい。

総体的に樹勢の落ち着いた品種である「桝井ドーフィン」では、年間数回に分けて追肥する施肥管理体系が一般的である。とくに砂質で肥料の流亡が多い園や、樹勢の弱い園では、6月上旬から10月中・下旬（礼肥）まで、30～40日間隔で10aあたりチッソ量にして2kg程度を施用する。肥料は速効性の化成肥料でよい。

それぞれの時期の追肥の考え方は以下のとおり。

❶6、7月の追肥は着果始め頃の果実の生育期にあたる。下段の果実は大きくなりやすいし、着色不良にもなりやすいため、樹勢の強い樹では避ける。逆に樹勢の弱い樹では、この時期に肥切れをおこすと中段(8～10節目）が飛び節や変形果となることがあるため、必ず行なう。

❷8月の追肥は、収穫期後半の果実肥大に影響するため、ある程度樹勢の強い樹でも行なうが、高温少雨の時期でもあり、その肥効は降水量や灌水に左右されやすい。果実の着色が悪いなど、効きすぎと判断されるようなら控えめとするか、チッソのないカリ肥料（硫酸カリ）10aあたり10kgで対応する。

イチジクのカリの年間吸収量はカルシウムに次いで多く、チッソより多い。カリはなるべく切らさないようにする。

❸9月の追肥は礼肥としての役割が大きくなってくる。葉に仕事（光合成）をさせ、翌年の貯蔵養分を蓄えさせるために行なう。

❹10月の追肥も同様の考え方となるが、落葉が遅くなり、副梢が伸び出すようであれば多すぎる。また、凍害も受けやすくなるので危険性のある地域や、若木では避ける。

（真野隆司）

「蓬莱柿」の追肥

①施用しすぎないことが原則

「蓬莱柿」は「桝井ドーフィン」より樹勢が強く、チッソ過多により新梢が遅伸びし、肥大不足、熟期遅れ、着色不良、糖度低下など果実品質が低下しやすい。新梢は7月下旬には停止していることが望ましく、肥料はくれぐれも「施用しすぎないこと」がポイントである。水田転換園では、植え付け5年目くらいまで無肥料でも樹の生育にまったく支障がない。

イチジクは浅根性のため、速効性の肥料を施用し、その後灌水すると肥料成分が速やかに樹体内に吸収され、肥効が現われやすい。したがって、施肥は、新梢伸長、果実の着果や肥大など生育状況を見ながらの追肥で十分対応できる。福岡県では追肥の目安として、7月上旬に年間チッソ施用量の10%を施用することとしているが、若木の間は追肥がまったく必要ない場合のほうが多い。

②成園化後も樹勢を見ながら適宜追肥

成園化後、樹齢の経過とともに樹勢が落ち着き、連年安定して収量が上がるようになってくると、チッソ不足により新梢伸長不足や不着果が発生する。また、8月下旬～9月上旬の収穫ピークの後、果実が急に小玉化するのも肥切れによるものである。成園化後も若木と同様に樹勢を見ながらの追肥になるが、元肥に加え、7月上旬（実肥）や10月上旬（礼肥）に適宜追肥を行なう。

（粟村光男）

写真3-13　隣の水田からの漏水が原因で湿害をおこすこともある

写真3-14　地表面管理は敷きワラマルチで
ワラの量は10a 1.5 ～ 2t程度を、4 ～ 5月頃に敷く。並べ方はうねに対して垂直に

5 湿害・排水対策

イチジクは排水不良にとくに弱く、梅雨期の湿害で樹勢が低下、はなはだしい場合は落葉や落果が発生する。また、排水不良園は収穫期の降雨で糖度が低下しやすく、その後の糖度回復も遅れる。

実際に湿害がおこるのは梅雨の時期以降である。この時期はあちこちに水たまりができるが、これが排水対策の不備な場所の目安になる。開園時や休眠期の対策で、速やかに水が園内から抜けていくようにしたつもりでも、その後の作業などで踏み固められて土が沈み、水が溜まりやすくなっている場所がある。周囲に比べて水が抜けにくい場所は湿害の危険性が高い。もう一度うねの谷間をさらうなどして、水が速やかに排水溝に向かうよう調整する。

また、水田転換園の場合、1段上のほ場が畑から水田に戻し湛水したさいに、漏水して、湿害を起こすことがある（写真3-13）。その場合は、園の周囲に明きょを掘るなどして、根のある場所への水の浸入を防止する。

6 地表面管理は敷きワラマルチで

イチジクは根が浅く、乾燥時には灌水とともに敷きワラで乾燥を防止する。敷きワラには雑草防止のほか、雨水による地表面からの疫病菌のはね上がり防止にも効果がある。また、有機物として土壌の物理性を改善する効果もある。

敷きワラの量は10aあたり1.5 ～ 2t（約15 ～ 20a分の稲ワラ）程度。実施する時期は4月下旬～ 5月上旬がよい。雑草防止しようと早く敷いてしまうと、地温の上昇を妨げ、生育を遅らせることになる。また、地表からの放熱をカットしてしまうので凍害の危険性も増す。凍害の危険性がとくに高い地域では、敷きワラは5月の連休以降でよい。雑草は4月に除草剤で対応する。

なお、敷きワラはうねに対して平行に敷くと通路にワラが落ちやすいため、垂直に敷く（写真3-14）。（真野隆司）

4章 成熟期の管理

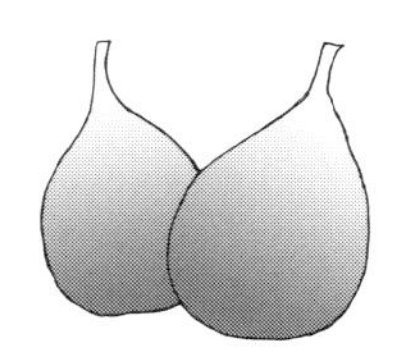

1 水やり名人を目指す

おもな灌水方式

イチジクはほかの果樹よりも浅根性で乾燥に弱いため、樹勢の維持、果実肥大の促進には灌水が重要である。とくに収穫前の2週間で急激に果実が肥大し、糖分が蓄積され成熟に至るので（表4−1）、この時期の灌水管理はきわめて重要である。（粟村光男）

灌水の必要量はその方式、園地の条件や気象によって大きく異なる。灌水方式にはパイプ灌水、ドリップ灌水、うね間灌水などがある。それぞれの長所・短所は以下のとおり。なお、灌水施設の設置は植え付け前が望ましい。

①パイプ灌水

塩ビパイプに散水ノズルを設置、各うねの中央に設置して灌水する(写真4−1)。

長所：比較的少量で灌水効果が上がる。うね間が泥まみれにならず、作業能率がよい。かなり広範囲まで水を飛ばすことができ、地表面の湿りを栽培者自身の目で確認しやすい。

写真4−1　塩ビパイプに散水ノズルを設置したパイプ灌水

散水孔の大きさにもよるが、比較的水質を選ばない。タイマーなどで自動灌水も可能である。

短所：設置にある程度の費用（10aあたり15〜20万円程度）と手間がかかる。水圧が十分確保できない場合、パイプの元部と先部の散水むらが出やすい。水を飛ばすタイプでは地表面からの蒸発ロスが出る。

②ドリップ灌水

小孔のあいたチューブやテープを各うねの中央に1列もしくは間隔をあけて2列設置して灌水する（写真4−2）。近年は用途に合わせてさまざまな製品が流通している。

表4−1　イチジク第3節果実の成熟に伴う変化（矢羽田ら、1997）

品種	生育段階	調査月日（月/日）	果重（g）	果実横径（mm）	糖含量（g/100gFW）	
					小果	果托
桝井ドーフィン	結果70日後	8/1	38.1	46.6	3.17	5.14
	収穫日	8/14	138.9	67.7	11.64	9.22
蓬莱柿	結果70日後	8/8	33.4	45.9	3.99	6.06
	収穫日	8/23	129.9	68.7	16.3	13.71

写真4-2(上)　チューブ灌水
写真4-3(下)　灌水用のフィルター（中央）と自動コントローラ(右)

長所：もっとも少量で灌水効果が上がるため、うね間が泥まみれにならず、作業能率が悪くなりにくい。散水むらが少なく、㎜単位の計画的な灌水や自動灌水も可能である（写真4-3）。

短所：設置に費用(10aあたり30万円程度)と手間がかかる。散水孔が詰まりやすいため、水質が悪い場合はフィルターなどの設置やメンテナンスが必須となる。散水した水は土中で広がり、表面で灌水状況を確認できないため、栽培者に灌水不足の印象を与える。

③うね間灌水

用水路から水田に水を引くのと同じ方法で園内に水を入れ、数時間湛水する方法(写真4-4)。

長所：もっとも簡便で経費がかからず、従来の水利施設をそのまま利用できる。

短所：水のロスがきわめて大きく、灌水量の

写真4-4　うね間灌水
もっとも簡便で経費がかからず、従来の水利施設を利用できる

加減ができない。うね間が泥まみれになり、あとの作業がしづらい。長時間湛水すると湿害が起きやすい。過剰灌水にもなりやすく、着色不良、糖度の低下や裂果を助長するなどの弊害が出やすい。

このほか、「蓬莱柿」の平棚仕立てではスプリンクラーも利用できる。

灌水方法の選択

どの灌水方式を採用するかは、水源や水質など現場の条件を考慮して決定する（図4-1）。すなわち、

❶水源を確保できるかどうか、またはポンプの使用が可能か

❷農業用水の利用が可能か、水圧（1～2kg/㎠)を確保できるか

❸水質はどうか。上水道以外、たいていディスクタイプなどのフィルターが必須である

❹ドリップ灌水の種類

a)ドリップチューブによる散水

b)ドリップテープによる散水

a)は作動圧力2kg/㎠が必要で、用水の圧力が高くないといけない。一定の水圧を確保するためには、大勢の人が水田に水を入れる日中の時間帯を避け、タイマーによって夜間に灌水時間を設定することが望ましい。チューブの種類によっては地表面下に埋設できるものもある(写真4-5)。b)は水

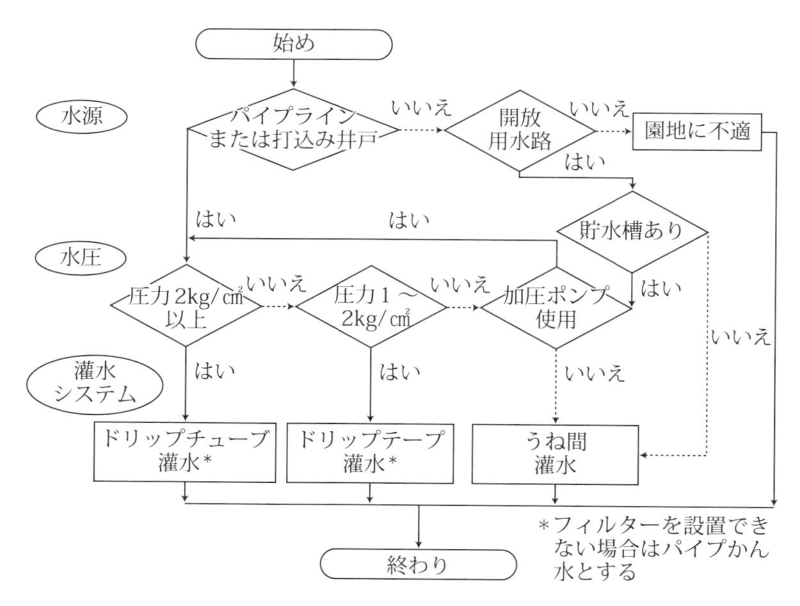

図4-1　イチジク灌水システム選択マニュアル（水田転換園の場合）

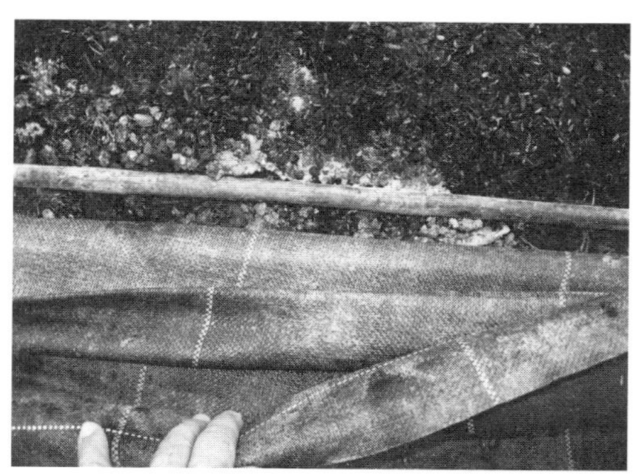

写真4-5（上）　地表面に半埋設状態の灌水チューブ

写真4-6（下）　水圧でふくれるドリップテープ

圧によってふくれるタイプのラインで（写真4-6）、比較的低圧（1～2kg/㎠）でも実施可能だが、熱や劣化により灌水ラインの耐久性はやや劣る。

なお、安定した給水を確保するためには、フィルターの掃除などメンテナンスを10日～半月に一度程度行なうことを徹底する。

灌水の時期と量

①「乾いたら即灌水」の態勢で

灌水は、根が動き始める3月下旬以降できるように準備しておく。この時期から梅雨入りまで、雨らしい雨が1週間程度なく、乾燥が続く場合に灌水し、生育を揃える。

温度が高くなってくる梅雨期以降は、2～4日晴天が続いたら灌水を始める。いったん土が乾くと、長雨による湿害でただでさえ浅いところにある、イチジクの細根はすぐ弱ってしまう。梅雨明け宣言の有無は関係ない。園の乾き具合とイチジク樹のようすをよく観察し、土がカチカチになり、葉の角度が下がる前に早めに灌水するよう心がける。その後、猛暑となって1週間以上まったく雨が降らなければ、うね間灌水で対応してもよいが、根のあるところへ水が届くようにヒシャクなどでうねに水をかけ、なるべく短時間で終わらせる。

②収穫期の集中的多量灌水は避ける

いっぽう、収穫期の灌水は果実品質に大きく影響する。とくに避けたいのは間隔をあけて一度に多量の灌水をすることで、裂果や低糖度果の多発をまねく。灌水の間隔は心もち短く、少し乾燥したかなと思った時点で必要量だけを灌水する（表4−2参照）。また、秋にかけて気温が下がってくるので量も減らしていく。

表4−2　灌水量の目安

時期	間隔	量(mm)	加減
3～4月	1週間晴天時に1回	5	徐々に増やし
5～6月	5～7日晴天時に1回	8	⇩
7～8月（収穫前まで）	2～3日晴天時に1回	6～9	
収穫期前半	3～4日晴天時に1回	8～10	徐々に減らす
収穫期後半	5～7日晴天時に1回	8	⇩

＊「雨量1mm」は、10aあたりちょうど1t（1m³）。流量計を配管につけておけば正確な灌水量がわかる

③灌水量の目安

灌水の必要量は、盛夏期の目安として1日の換算雨量で3mm程度。1回の灌水は3日間隔でやるとすれば、8～10mmということになる。

時期別の灌水量と間隔の目安を示せば、表4−2のようになる。表の数値を基本に、各園の生育状況によって量、回数を加減する。流量計（写真4−7）を配管につけておけば正確な灌水量がわかる。

一般に土層が深く、樹勢が強い園では、総じて控えめに、樹勢が弱い園では根が浅く、乾燥に弱いため回数を増やして灌水し、全体量もやや多めとする。ただし、湿害のために生育不良を起こしている場合は、その原因である排水を改善しなければ、かえって生育不良を助長する。（真野隆司）

写真4−7　流量計を使えばより正確な灌水量がわかる

2　エスレルによる熟期促進

ギリシャ時代からあるオイリング

ご存じのとおり、イチジクの果実の先端に植物油をつけると、成熟が7～10日早まる。この性質を栽培にとり入れたのが有名な「油処理（オイリング）」で、古くは紀元前3世紀のギリシャ時代から始まったとされている。

イチジクの果実が油処理によって急速に成熟するのは、含まれる脂肪酸が果実の細胞に作用し、成熟にかかわるエチレンを発生させるためである。かつては文字どおり食用の油が使われたが、現在は油と同じ効果がある生育調節剤の「エスレル」を使う。エスレルも植物油と同じようにエチレンを発生させ、成熟を早める効果がある。油に比べて処理が簡単で、果実に油斑も残らない。

処理のタイミングは自然成熟の15日前

エスレルの処理はタイミングを間違えないことが大切である。イチジクは着果後の肥大がいったん停滞し、ふたたび急速に肥大するという経過で成熟するが、自然に成熟する15日くらい前が処理の時期である。「桝井ドーフィン」であれば「果皮の緑がやや黄色味を帯び、果頂部の目が桃色から赤色に変化する頃」である。言葉で説明されてもなかなか理解し

写真4-8　処理のタイミングは自然成熟の15日前（細見原図）
果面がぬれる程度にエスレルを処理すると、通常より7～10日早く成熟する

にくいが、慣れてくれば、外観から判断できる。

エスレルは、処理が早すぎると果実が肥大しないまま色づいてしまう。また、処理直後に雨があると効果が落ちるので、天候を見きわめる必要もあり、処理のタイミングには注意を払う。

500～1,000倍、ハンドスプレーで処理

処理は、エスレルを500～1,000倍に水で溶いて、ハンドスプレーなどで果面が濡れる程度に果実の先端めがけて吹きかける（写真4-8）。2日もすれば果実のふくらみが感じられるようになり、夏場であれば6日

◎失敗例に学ぶエスレル処理

エスレルを処理すると、その果実は確実に6～7日程度で成熟し、1週間から10日程度早く収穫できる。出荷調節には大変便利な薬剤であり、しかも果実に少し散布するだけで処理ができるので、いたって簡単である。しかし、当然落とし穴もある。

まず、問題となるのは早づけである。都合の悪いことに、中身が成長していない果実も6～7日で着色し、成熟してしまう。こんな果実は中が白くスカスカで味もない。産地によっては、早づけで悪いものが出荷されるよりまし、とエスレル処理を自主規制しているところもある。

写真4-A　エスレルの処理時期の早晩
左と中央は適期だが、右は2、3日早い

処理適期の果実は、本文でも触れたように、緑色が少し抜け、目の紅色部分が濃くなって盛り上がってくる。目慣らしとして、これは、と思ういくつかの果実を割って確かめてみるといい。適期の果実は、内部の小果の紅色部分が濃く着色し、まわりとの境界がはっきりしている。まだ内部の生長が十分でない果実は境界がぼやけ、薄い色になっている（写真4-A）。

また、イチジクはエスレルに対して非常に感受性が強い。ナシの熟期促進には全樹散布で対応しなければならないが、イチジクは数滴果実に垂らす程度でも効果がある。しかも浸透移行性が高いため、処理適期の果実が多いからといって、1本の樹にむやみにつけすぎると樹内のほかの果実にも影響する。処理するのは、多くても半分程度（樹列の片側）の結果枝にとどめたい。

（真野隆司）

写真4−9　エスレル処理の効果（細見原図）
左から無処理、1果処理、3果処理。同時に3果まで処理しても問題ない

写真4−10　白色シートマルチを敷くことで果実品質を大きく向上させることが可能

程度で確実に成熟し、自然状態に比べて7〜10日早く成熟する。この時計仕掛けのような反応はイチジク特有のもので、成熟を早めるだけでなく処理日を調整して、ほぼねらった日に収穫することもできる。

1本の新梢（結果枝）で一時にエスレル処理する果実は、通常1個だが、幼果が処理適期に達していれば同時に3個までは処理しても問題はない（写真4−9）。もっとも、数多く処理すれば収穫の労力も一時に集中することは頭に入れておかなければならない。

（細見彰洋）

3 白色シートマルチを使いこなす

イチジクの果実は軟らかくきわめて日もちが悪い。そのため、収穫期に雨が続くと、裂果、腐敗果、着色不良、糖度不足といった品質の低下が顕著である。そうしたなかで注目されているのが「透湿性白色シート」の利用だ。このシートを樹冠下に被覆すると、土壌水分のコントロールとともに光環境の改善によって果実品質を大きく向上させることができる。

基本の使い方

シートは不織布でできており、地表からの水蒸気は発散するが降雨などの水は通さず、しかも光をよく反射する性質をもっている。一文字整枝樹の場合、1樹列につき1m幅を2枚、樹を挟むように地表面に被覆し（写真4−10）、固定する。

被覆開始時期は、6月中旬〜7月下旬とし、被覆にさいしては、前もって除草や敷きワラなどを行なっておく。白色シートは10％程度

表4−3　おもな白色シートマルチ商品名（2015/4/15現在）

商品名	問い合わせ先
タイベック	丸和バイオケミカル㈱　〒101-0041　東京都千代田区神田須田町2-5-2　須田町佐志田ビル　℡03-5296-2314
ＴＳ-アップシート	谷口産業㈱　〒597-0094　大阪府貝塚市二色南町8-3　℡072-432-1828
ウォーターポイント*	クラレクラフレックス㈱　原反販売部　〒530-8611　大阪市北区角田町8-1　梅田阪急ビル　オフィスタワー　℡06-7635-1560
白王シート	柴田屋加工紙㈱　〒950-0207　新潟市江南区二本木4-12-1　℡025-382-2511

＊　シートの色は白でなく、グレーに近い

写真4-11　白色シートマルチにより着色が濃く、目の割れが小さくなった果実(左、右は無被覆)

光線を透過するので、雑草が枯れないことがある。また、誘引や防鳥ネットの支柱が多い園は被覆しにくいので、できればシートの被覆を念頭に支柱の再配置を検討したい。収穫終了後はシートを除去する。

なお、試験ではタイベック(700AG)を使用したが不織布マルチ自体はメーカー各社からいろいろなバリエーションのシートが販売されている(表4-3)。

表4-4　白色シートマルチ[z]が果実品質[y]に及ぼす影響　(2000)

試験区	果実重(g)	裂開長(mm)	裂開幅(mm)	着色[w](カラーチャート)	糖度(Brix)
白色シート	87.4	7.7	4.5	7.6	17.4
無被覆	92.1	10.5	5.2	7.1	16.0
有意性[x]	N.S.	*	N.S.	**	**

z)被覆期間：7月5日～11月10日
y)各区4樹供試し、1樹につき1本の結果枝を無作為に選び、8月10日～11月10日まで全果を調査した
x)有意性：**；1%水準で有意，*；5%水準で有意，N.S. 有意差なし
w)農水省果樹試カラーチャート(イチジク果実用)による

表4-5　白色シートマルチ[z]が多雨期の果実品質[y]に及ぼす影響　(2003)

試験区	果実重(g)	裂開長(mm)	裂開幅(mm)	着色(カラーチャート)	糖度(Brix)
白色シート	110.4	18.4	10.8	7.8	15.5
無被覆	138.0	32.4	19.8	6.1	14.1
有意性	*	*	*	**	*

z)被覆期間：8月2日～11月10日
y)各区4樹供試し、8月25日～31日に収穫した全果を調査した
調査期間中の雨量：63mm

効果は大きい

このシートの被覆によって着色と糖度は顕著に向上する(写真4-11、表4-4)。とくに雨の多い年は、収穫期間中に被覆を始めても効果が高い(表4-5)。腐敗果の原因になる果実の目の裂開は小さくなり、天候不良時に収穫された果実の腐敗も軽減される(表4-6)。

またアザミウマ被害も軽減され、とくに6月被覆の効果が高い(表4-7)。反射光による飛翔行動阻害の効果と考えられる。

以上のように果実品質の向上と腐敗果、アザミウマ被害果の軽減などにより、資材費は10aあたり約12万円要するが、それ以上の経済効果が期待できる。とくに雨量の多い年

表4-6　白色シートマルチがイチジク果実の日もちに及ぼす影響[z]

試験区	正常(%)	腐敗果	
		目が変色(%)	果汁が漏出(%)
白色シート	63.2	31.6	5.1
無被覆	13.3	53.3	33.3
有意性	**	**	**

z)2004年9月5日(前日9mm、当日7mm降雨あり)に収穫した果実30果を室内(平均27.8℃)に1日放置

表4-7　白色シートマルチの被覆開始時期がアザミウマ被害に及ぼす影響　(2004)

試験区(被覆開始日)	アザミウマ被害果(%)
6月18日	1.8 a[z]
7月20日	7.6 b
8月12日	24.0 c
無被覆	19.2 c

z)アルファベットの異符号間は5%水準で有意差あり(Tukey)

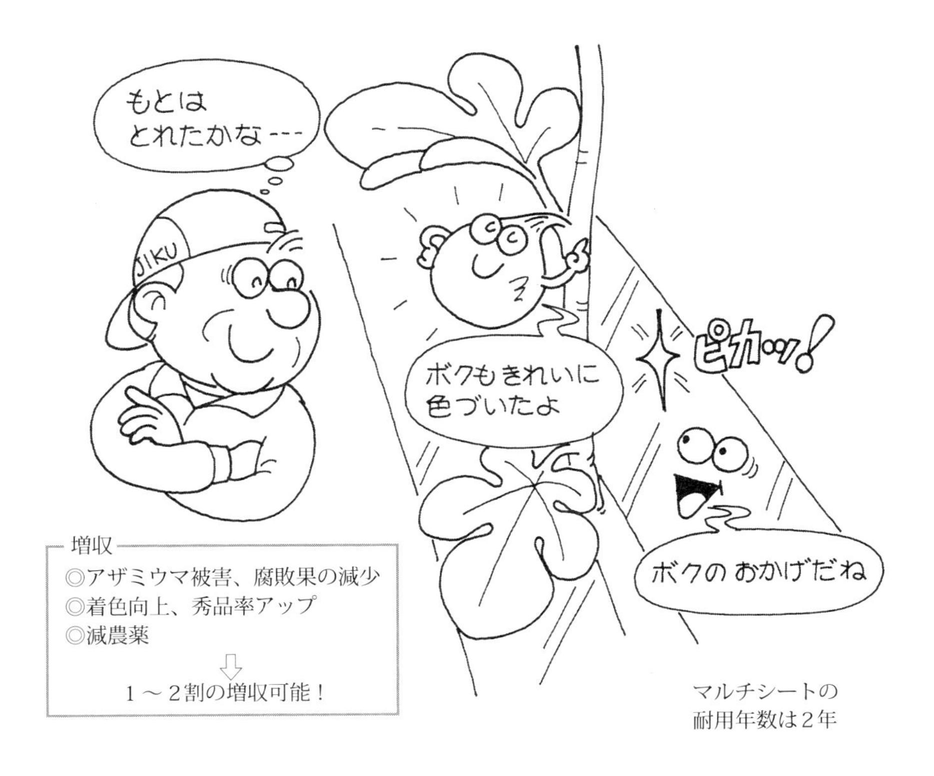

白色シートの効果は…

ほどその効果は高い。

白色シートを使ったマルチ栽培は、ミカンなどほかの果樹でも効果は確認されているが、雨に弱く日もちの悪いイチジクでもっともその特徴を発揮しやすいといえる。しかし上手に使いこなすには、いくつか留意すべきことがある。

使いこなしの実際

①樹勢の強い園で使う

白色シートマルチは、樹勢が強く、着色や糖度が低い果実品質に問題のある園で行なう。いや地など樹勢の弱い園には適用しない。さらに弱樹勢を助長する。58ページ写真4－19のように果実の一部が萎縮、変形し、果実の目の位置が著しく偏る変形果が発生する場合もある。変形果の発生は水分ストレスに関係がある可能性が高いと考えられる。

②灌水はチューブかドリップ方式で

この栽培法では、白色シートマルチ内の根圏土壌がつねに乾燥状態となるうえ、通常のうね間灌水では根圏に水が浸透しない。したがって、乾燥時には白色シートマルチを被覆した状態で灌水でき、その量の把握が容易なチューブやドリップ灌水などの設備が必要になる。

ただし、灌水量が多すぎると、果実の裂果や糖度低下をまねき、マルチをした意味がまったくなくなるばかりでなく、極端な場合は湿害をまねく。

③被覆は6月以降に

アザミウマに対する忌避効果は、反射光を利用したものなので、その年の日照や天候によって不安定になりやすい。防除はあくまで薬剤散布を主体とし、その効果をサポートするものとして使用する。

また、シートを敷くと地温は明らかに低く

なる。アザミウマ忌避効果を期待して、あまり早くからシートを敷いてしまうと、かえって生育や熟期遅れなどの影響がでる可能性がある。被覆時期はあくまで6月以降とする。

④収穫判断は果実の色でなく「軟らかさ」で

白色シートマルチをした園の収穫の判断は、適熟となった果実の「軟らかさ」で行なうことがとくに重要である。その園の今までの着色基準で収穫時期を判断すると、着色がよくなることがアダとなって、果実を硬く未熟なまま収穫してしまうことになり、導入の意義を大きく損なう。これは、農家が実際にシートを導入したさいに問題となった事例である。

⑤シートの耐用年数

シートの耐久性は、ミカンなどに比べ足を踏み入れる回数が多く汚れやすいため、2年程度と考えられる。汚れた場合には、反射光が効果を及ぼすアザミウマの忌避効果や収穫初期（下位節）の果実の着色向上効果は劣る可能性がある。また、他のシート同様、強風によって破損することがあるため、防風施設の充実をはかる。

その他の留意点

①追肥は緩効性かコーティング肥料で

休眠期の元肥や土壌改良は慣行どおりでよいが、シートの被覆期間中は追肥ができない。追肥する場合は、緩効性肥料またはコーティング肥料を、慣行の追肥で施用するチッソ量に合わせて施用する。施肥の改善は今後の課題である。

②作業上、サングラスは必須

白色シートマルチを行なった園の下からの反射光は相当強く、被覆直後の、まだイチジク樹の新梢も短い時期の日中晴天時は、園内が非常にまぶしい。大げさではなくサングラスや日焼け対策は必要だ。

4 収穫と出荷

品質確保に必要な直射光

①アントシアニン生成には光

イチジクの品質評価でもっとも重要なのは、着色である。果皮の着色がよいほど明らかに果実の糖度は高く、食味もよい。そのため、市場でも高値がつく。

このイチジクの赤紫色の着色発現にはアントシアニンが関与している。

アントシアニン生成の適温は15～20℃で、10℃以下あるいは30℃以上では抑制される。これが高温期にあたる収穫初期果実の着色が劣る一因だが、栽培上問題となるのはじつは光条件のほうである。

アントシアニンは、果実に直接日光が当たってこそ多く生成される。収穫初期の果実は結果枝の下段に着果しているため、結果枝の日陰となって着色不良となりやすい。着色をよくするには、果実とその部位の葉に光を当てて光合成を促すことである。しかし、樹勢が強すぎ、果実の上にある葉が大きく広く、枝の数が多ければ過繁茂となり、光は果実に当たらず、着色不良となる。しかも生成された糖はこれら枝葉の維持に消費されてしまうため、果実の糖度は当然落ちる。

芽かき、摘心、誘引、施肥など、本書で述べている管理の基本にあるのは「いかにして果実に光をよく当てるか」であり、これがイチジク栽培の原点である。迷ったときは思い出していただきたい。

②けれども葉摘みは避ける

ただしいかに光が大事とはいっても、収穫前の果実の近くの葉を摘んで光を当てるようなことはしない。1枚くらいならまだしも何枚も葉を摘むことは、樹体の貯蔵養分を減らして凍害に弱い樹体にしてしまうだけでなく、翌年の着果が悪くなるなどの影響が出る。

（真野隆司）

樹上で糖度を上げ、果実温はなるべく低く

①イチジクは追熟しない

イチジクは果実の成熟の後期に急速に糖を蓄積し、1日に1～2％程度ずつ糖含有率を増やしていく（図4-2）。しかし、収穫後は未熟、完熟（図4-2の適期1～3）にかかわらず、果実内で糖の増加は認められない。むしろ、わずかに減少する（図4-3）。また、果皮の着色も収穫後は進まない。つまりイチジク果実に追熟性は見られない、ということである。したがって、高品質の果実を出荷するためにはできるかぎり樹上で熟させる必要がある。

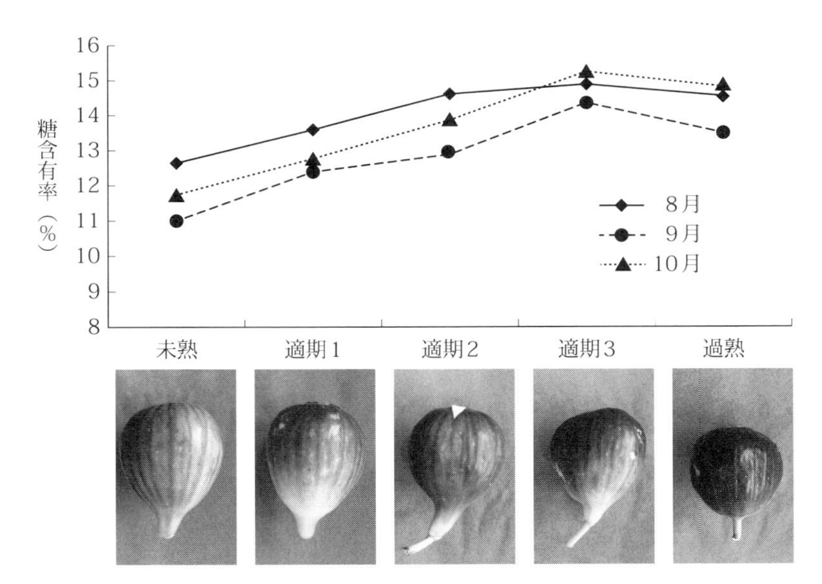

図4-2 収穫時期別の成熟ステージの違いが糖含有量に及ぼす影響（小河原図）

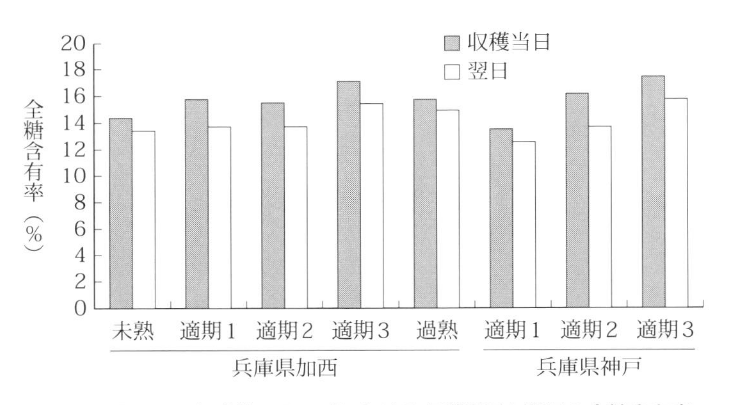

図4-3 各成熟ステージにおける収穫当日と翌日の全糖含有率
どの成熟ステージでも収穫翌日は糖含有量が減少する（小河、2009）

②収穫は朝どりがお勧め

イチジク果実の糖はほとんど果糖とブドウ糖で、収穫後の糖組成にも変化は見られない。朝収穫の産地と午後収穫の産地間の糖含有率にも大きな差は見られず、大きな味の差はない。

ただし、イチジクは品温が上昇すると呼吸量も上昇し、高温期には収穫後1日で糖含有率が0.5～1％程度減少する。収穫はできれば品温の低い朝どりが望ましく、午後収穫の場合はなるべく予冷するか、保冷庫に入庫して品温を低く保つなど、日もちをよくするよう心がける。（小河拓也）

熟度判定の感覚は

イチジクの適熟期はきわめて短く、1日の違いで未熟と過熟が分かれる（図4-2の適期3と過熟）。未熟果は硬く、日もちはよいが甘味は薄く、食味は悪い。しばらく置けば軟らかくなるが、メロンや洋ナシのように追熟して品質がよくなることはない。逆に過熟果は軟らかく、糖度も高く食味もよいが、日もちが悪くて腐りやすい。

①着色に惑わされない

収穫適期の判定は果実の軟らかさで行なう。そっと手のひら全体でさわって判断するが、少し経験が必要である。果実が未熟であればもった感じが硬く、軽く感じるが、熟するほど果実は下を向き、重く感じるようになる。果実に水分が増えるためか、少し冷やっとした感じも出てくる。

いっぽう、着色は熟期の近づいた果実の判断材料にはなるが、収穫の最終判断とするには問題がある。着色は同じ熟度でも条件により微妙に変わる。8月の下段の果実や、多雨で日照不足が続くときの果実は、色が薄くても熟度は進んでいることが多い。逆に10月の上段の果実は、よく着色していても未熟である。色に惑わされてはいけない注)。

注)本書カバーの「カラーチャートによるイチジクの着色度分類」参照。

②出荷先、販売先で熟度を変える

収穫の判断基準、すなわち軟らかさは、遠距離の大消費地向けに出荷しているのか、地元の市場向けに出荷しているのかによっても変わってくる。前者は輸送性（硬さ）がある程度求められるが、後者は比較的熟度が進んだ状態が求められる。直売所などで販売する場合は、市場出荷より完熟していることが高評価につながる。

収穫にさいしては各部会の出荷状況や、自分の売り先のことを考えて熟度を揃える。その販売先は「味、完熟」を求めているのか、「棚もち」を求めているのか、よく見きわめる必要がある。また産地として予冷・保冷施設を保持しているかによっても変わってくる。

図4-4　イチジクの収穫方法（木谷原図）
持ち上げるように取る

収穫の実際

イチジクの収穫は、果実のつけ根（果梗）に指をかけ、下から持ち上げるようにもぎ取る（図4-4）。引っ張ると皮がむけたり、果梗と果実のつけ根がちぎれたりして果実がいたむ。また、収穫時には必ず手袋をはめる。イチジクの乳汁には強力なタンパク質分解酵素（フィシン）が含まれており、素手で収穫して乳汁が付着すると皮膚や爪が溶ける。手以外でも、乳汁が直接肌に触れれば炎症をおこし、あとはシミになるので、なるべく皮膚の露出は避ける。

近年は医療用など、使い捨ての薄手のゴム

◎イチジクの乳汁

本文でも触れているようにイチジクの収穫や摘心作業時には、果実や新梢先端部から出る乳汁に要注意である。これらの作業では、ゴムやビニル製の手袋が必須である。皮膚などに付着したさいには少量でも拭き取り、あとで洗う。気づかないうちに皮膚に飛んでいて、あとから何か痛がゆくなって気がつくこともあるが、皮膚が溶けてかぶれ、炎症を起こしている。跡も老人斑のようなシミになってなかなか治らないので、皮膚がなるべく露出しないよう注意する。

イチジクの食後に口のまわりが荒れるのも乳汁が原因である。しかし一方、これが肉料理の消化を助けてくれる。デザートとして最適でもある。「ステーキや焼肉の後はイチジク」というキャッチフレーズで消費拡大をピーアールするのはどうだろうか？　（真野隆司）

表4-8　イチジクの標準出荷規格の例（兵庫県：桝井ドーフィン）

事項	等級		
	秀	優	良
形状・着色	品種の特性を備え、着色がよいもの	品種の特性を備えたもの	同　左
裂果	認められないもの	軽微なもの	甚だしくないもの
傷害	認められないもの、擦り傷にあっては目立たないもの	認められないもの、擦り傷にあっては軽微なもの	軽微なもの
熟度	未熟でないもの	同　左	やや未熟なもの

階級	果実重量(g)	1箱の個数	1パック個数
3L	150 ～	24	4
2L	120 ～ 150	30	5
L	80 ～ 120	36	6
M	60 ～ 80	42	7
S	50 ～ 60	48 ～ 54	8、9

注　混入が許されないもの：異品種果、異階級果、腐敗変質果、病害虫果、過熟果

手袋が市販されている。これだと、細かい作業やイチジクの果皮の熟度も手にとってわかりやすい。こうした手袋を着用して乳汁をつけないようにし、着衣もこまめに洗う。

収穫した果実はていねいに扱い、スポンジなど緩衝材を敷いた収穫箱（トロ箱や発泡スチロール箱）にそっと置いて並べる。重ねたり、転がしたりすると、皮がむけたりつぶれたり、果梗がほかの果実に刺さって穴をあけたりする。また、収穫中に見つけた樹上の腐敗果は、別のバケツなどにとって捨てる。

収穫には一輪車や野菜用の4輪台車などを使うと効率的である。

パック詰めと出荷

収穫した果実は、風通しのよい涼しい部屋で選果する。雨や夜露にぬれた果実は腐敗果がでやすいのでなるべく広げて乾かす。

選果した果実は各産地の出荷規格（表4-8）にあわせて熟度、果色を揃え、ていねいにパック詰めする。このときに果梗を長く残すとほかの果実を傷つけるので、切り直しておく。

イチジクは8 ～ 9月のまだ暑い時期に収穫ピークを迎え、出荷までの時間も限られた毎日の作業となるので、効率的に動けるよう作業場はつねに整理整頓し、流れ作業ができるように必要物を配置する。

写真4-12　2個売り（直売所）、1個売り（コンビニ）のイチジク

出荷に使用するパックは、「桝井ドーフィン」の場合、通常300 ～ 500g入りを使用し、6ないし4パック1箱で出荷されるが、近年は少家族化に合わせてか、200g程度の少量パックも増えつつある（写真4-12）。

（真野隆司）

予冷・貯蔵

イチジクはほかの果実類と比べて貯蔵・流通性が劣り、完熟果で品質を保持できる期間は常温で1日程度である。そのため、長距離輸送など広域に流通させるためには、予冷・

低温貯蔵などの鮮度保持技術を用いる。

イチジクにおける予冷・低温貯蔵の効果として、

❶腐敗果の発生を防止し、日もちが格段に向上する

❷熟度の進んだ食味良好な果実を出荷できる

❸保冷による計画出荷で、天候や市場休みによる出荷量の変動を抑制できる

などがある。

予冷方法としては強制通風法と差圧通風法がある。強制通風は、差圧通風に比べ積付け作業が楽であるが冷却速度が遅い。冷却までの時間は、強制通風が10時間かかるとすれば、差圧通風はその3分の1の3～4時間程度で完了する。少しでも早く冷却したいイチジクでは差圧通風が適する。

品温は5℃を目標とする。庫内温度の設定は0℃に近いほど早く冷えるが、冷気の吹き出し口は庫内温よりも2～3℃程度低く、庫内温の下げすぎは吹き出し口付近の品物が凍結するおそれがある。庫内温は3℃程度に設定する。

予冷・低温貯蔵を利用する場合の留意点は、

❶出荷休みがなくなるので、より適熟収穫に徹する

❷休日明けの月曜日には荷が集中するため、土日に収穫が集中するようなエスレル処理は避け、1週間なるべく均等に出荷するよう心がける

ことが重要である。

予冷・低温貯蔵は、大規模な施設を要し、大産地でなければ取り組みにくい面もあるが、産地の規模拡大を目指すのであれば視野に入れておきたい技術である。

いっぽう、小さな産地や個人で冷蔵庫などを準備できないのであれば、なるべく早朝、品温の低い時間に収穫する。「朝どり完熟」をセールスポイントにする方法も考えられる。（小河拓也）

選果のさいに問題となる果実

①腐敗果（写真4−13）

出荷休み明けの収穫では過熟果、腐敗果が多くなるので、とくに慎重に選果する。選果は、におい、目視、触感など五感を総動員して行なう。

なかでも注意するのは、不良天候時の果実腐敗（黒カビ病、酵母腐敗病）である。酸っぱいにおいがしないか、果実の目にカビや水浸状の部位がないかを確かめる。ショウジョウバエが飛んでいたら、その付近の果実は要注意である。彼らは人間にはわからないようなにおいを感知し、寄ってきている。黒カビ病や酵母腐敗病をもってくる害虫も、こんなときには選果のバロメーターになる。

また、果実の胴に斑点や水浸状の部位があれば疫病の可能性がある。一夜にして箱の中が全滅することもあるので気をつける。

写真4−13　出荷後に発生した腐敗果（黒カビ病、丸印の2か所）

②裂果

イチジクは収穫間際に急速に肥大するため、成熟果の目が裂開するものが多い。少々の割れ（長さ2㎝、幅1㎝程度まで）は食欲をそそり問題はないが、収穫と降雨が重なると裂開が大きくなり、数も増えてそこから

写真4−14　笠かけ栽培
直径45cmの透明プラスチックを結果枝に巻きつけ、果実に雨を当てないようにする

写真4−15　イチジクの雨よけ栽培

腐りやすくなる。品種による差が大きく、「桝井ドーフィン」では少ないが、「蓬莱柿」では多い。また、梅雨明け頃に大雨が降った場合や、多量に灌水しすぎた場合は、未熟な果実が割れることもある。排水の改善やこまめな灌水で土壌水分を安定して適度に保つよう心がける。

現在、笠かけや雨よけ栽培など、さまざまな対策も実施されつつある。笠かけは、直径45㎝の透明プラスチック板を結果枝に巻きつけ、収穫間際の果実に雨を当てないようにするものであり（写真4−14）、雨よけ栽培はハウス同様の骨組みを組んで栽培する（写真4−15）。

③異常成熟果

収穫初期に問題となる果実に、異常成熟果がある。果実が通常より早熟となるが、くすんだ着色で目が開いていない。また、外観はやや萎凋ぎみで、持ってみても軽く、中身が充実していない。重度のものなら選果でたやすく除けるが、軽度のものは判断がむずかしく、厄介である（写真4−16）。

写真4−16　大量に発生した異常成熟果（上）
下はその断面（右は正常）

原因としては、アザミウマの被害と白熟れ果が考えられる。

アザミウマ被害果のほうは、中を割ってみるとアザミウマの侵入、食害による褐変がひどく、カビまで生えている場合がある。果実の目からのぞいている、果実内部の赤い小果の先端が黄色く変色していればアザミウマの侵入がわかるが、そうでない場合も多く、決め手とまではいえない。

いっぽうの白熟れ果は、中身にアザミウマ被害果のような褐変はないが、本来鮮やかな赤色であるはずの小花は淡桃色で、ひどい場合は内部がスポンジ状に白く、果実は軽く味も薄い。以前、梅雨明けから一気に高温となり、乾燥が進んだ年に収穫初期の下位節に大量発生したことがある。このことから、急激な乾燥により根がいたみ、樹体にストレスがかかった結果と推定される。

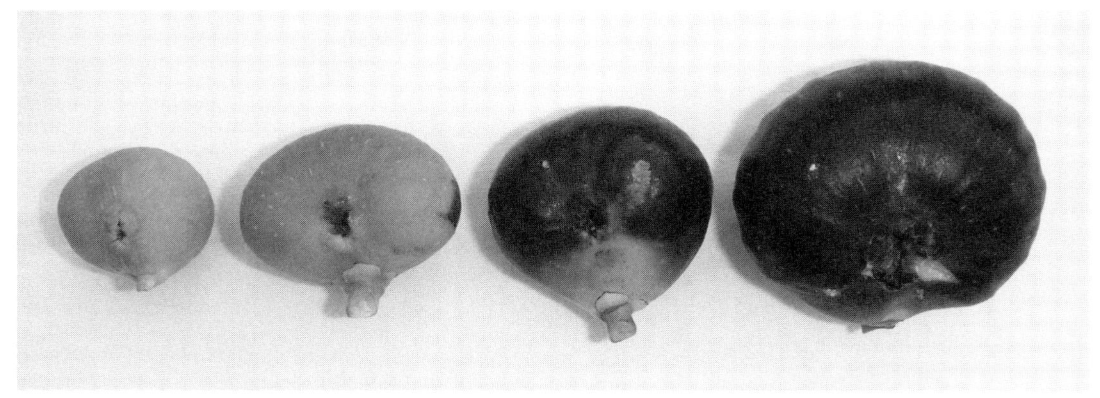

写真4-17　収穫中期以降、中～上位節に発生する変形果（「桝井ドーフィン」）
片側だけが大きく肥大している

写真4-18 「桝井ドーフィン」の結果枝上段に発生した扁形果
兵庫では「えべっさん」、愛知では「おたふく」と呼ばれる

写真4-19　果皮に三角形のえくぼが入ったような斑点が生じる「えくぼ果」

アザミウマの被害果も白熟れ果も外観的にはエスレルの早づけ果に似ている。イチジクはエチレンに対して感受性が高く、アザミウマの被害果ではアザミウマの食害による傷害が、白熟れ果では急激な高温乾燥による根のストレスが、それぞれ果実や樹体内のエチレンのレベルを高め、異常成熟につながっている可能性がある。

アザミウマの防除とともに梅雨明け前後に、土壌を急激に乾燥させないことが対策になると考えられる。

④変形果（奇形果）

収穫中期以降、結果枝の中～上位節に発生する。果実生長第1期の終了時点（着果約25日後）で、すでに変形している。形状は扁平で、果実の片側だけが大きく肥大している（写真4-17）。重度のものは明らかに肥大が悪く、萎縮した部位が硬化している場合もある。また、このタイプの変形果が着生している前後の節位に落果するものが多く（とくに中位節）、不着果（飛び節）の発生と密接に関係していると考えられる。

貯蔵養分が不足ぎみで樹勢も弱い樹によく見られ、養分転換期頃、着果後すぐに曇天が続くような状態で発生しやすいようであるが、不明な点が多い。

⑤扁平果

同様に扁平となるが、肥大そのものは良好

表4-9 「蓬萊柿」果皮色の収穫直前の変化（野方ら、2000）

生育段階	着色割合（%）	果皮色（色彩色差計）			色素量（μg/cm²）
		L*値	a*値	b*値	
収穫2日前	4	56.1	−5.4	32.9	24.9
収穫1日前	38	49.4	4.5	24.5	52.7
収穫日	71	37.0	11.5	10.6	136.8

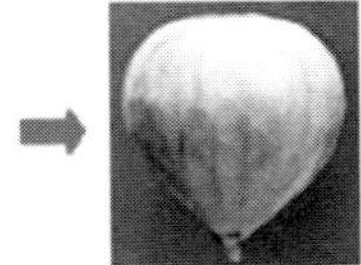

左から収穫2日前、1日前、当日

で、結果枝最上段にできることが多いタイプの果実もある。兵庫県では「えべっさん（関西でえびす様のこと）」、愛知県では「おたふく」と呼ばれる（写真4-18）。こちらは、摘心後果実に養分が集まった結果と考えられ、とくに品質が劣るわけではないが、地域によっては変形果として等級を下げる場合もある。また、目が開いたままになっていることが多く、割ってみるとアザミウマがいることもある。

完全ではないが、摘心後伸びる結果枝先端の副梢を切りすぎないことが対策となる。

⑥えくぼ果（はちまき果）

イチジクの果皮に、三角形のえくぼが入ったような斑点が生じることがある（写真4-19）。数が少なければ問題はないが、多数生じて連なり、輪を描くようなスジが入ることもあり、はちまき果と呼ばれている。

原因や対策は確立していないが、果実形成初期に果頂部にあったりん片の一部が生育異常をおこすことが原因と考えられる。

⑦果肉褐変症（仮称）

収穫初期の果実内部を割ってみると、果肉（花托）の一部が褐変し、場合によっては落果することがある。樹勢の強い若木に発生が多く、7月に極端に高温、乾燥になった場合に見られたことがある。ホウ素欠乏の可能性があると考えられるが、詳細は不明である。

（真野隆司）

「蓬萊柿」の収穫と出荷

「蓬萊柿」果実の着色は、樹体内の栄養条件や成熟期の温度および光条件が関与しているが、「桝井ドーフィン」同様、収穫2日前に急激に進行するため、このときの温度や光条件の影響が大きい（表4-9）。

成熟期の高温は、果皮色素であるアントシアニンの発現を抑制する。とくに「蓬萊柿」は「桝井ドーフィン」より高温の影響を受けやすいので、8～9月の着色が劣りやすい。近年の温暖化の影響で、この傾向はより強まりつつある。しかし、夏の高温を抑制するのは、現実的に困難である。そこで、着色向上のためには、残る条件である光環境を改善する必要がある。

「桝井ドーフィン」では新梢管理とともに反射シートの設置などが行なわれているが、「蓬萊柿」の平棚仕立てでは、園内の透過光が少なく反射シートの効果が上がりにくい。逆に平棚仕立ての果実の受光態勢は均一で、調整しやすい。そこで「蓬萊柿」では、棚面に残す新梢本数を適正（1㎡あたり5、6本）にすることで、光環境を整え、着色をよくする。

また、収穫は果実温が低い早朝に行ない、ほ場で収穫果に直射日光が当たらないよう注意する。ピーク時には朝、夕2回の収穫とし、適熟収穫と腐敗果の発生防止を心がける。とくに「蓬萊柿」は成熟に伴い果頂部が裂果しやすい。果頂部が開きすぎたものは、食味はよいが日もちや取り扱いが悪いため「開き」として市場価値が低くなる。そこで果頂の開き具合にも注意し、くれぐれも取りおくれないよう気をつける。

園内に腐敗果や過熟果を放置するとショウジョウバエが多発し、病原菌（酵母腐敗病、黒カビ病など）を媒介して、その後の腐敗果の発生を助長する。腐敗果や過熟果は見つけたら、ただちに園外に持ち去る。（粟村光男）

5 台風対策

台風はイチジクの収穫時期と重なることが多く、被害も大きい。風による傷果や落果、落葉から樹体の損傷、倒伏、棚の倒壊のほか、雨によって腐敗果、疫病が多発し、1週間程度出荷できないときもある。また、その後も炭そ病やさび病の多発にも注意が必要だ。豪雨となれば、冠水による湿害発生の危険性も忘れてはならない。

イチジク園は平地の水田転換園で、風当たりの強い園も多い。被害軽減のために防風ネットや防風垣は必ず設置しておきたい。防風ネット、防風垣は風の通り道に対し直角に設置する。設置する高さは3m以上、できれば4m程度はほしい。防風効果は高さの5倍程度の距離の範囲に及ぶとされている。

樹の支柱を点検し、補強しておく。とくに植えたばかりの樹ほど倒れやすいので、補強の支柱は多めに入れてしっかり誘引しておく。折れたり裂けたりした樹の補修は早めに行ない、トップジンMペースト剤などを傷口に塗布しておく。

台風による大雨に対しては、排水路の水が速やかに出ていくよう、ふだんから点検しておく。冠水した場合はできるかぎりの手段で一刻も早く排水する。数日でも滞水してしまうと、湿害により葉が萎凋し、葉脈沿いが褐変、落葉する。

台風の通過後は早めに果実腐敗（黒カビ病、酵母腐敗病）、疫病、さび病や、果実腐敗病を媒介するショウジョウバエの防除も行なう。（真野隆司）

◎イチジクを嫌いな人たち、好きな人たち

以前、好きな果物、嫌いな果物は？　というアンケートをとったところ、なんとイチジクが嫌いな果物の1位になったことがあり、少なからずショックを受けたことがある。

理由としては、以前食べすぎたら口のまわりが切れて痛くなった（タンパク質分解酵素のせい）、食べたら中から虫が出てきた、腐ったイチジクのにおいが記憶に残って……、と散々である。しかし、その割には根強い人気があるのはなぜだろう。

筆者の研究機関では収穫したイチジクをわずかながら場内販売しているが、必ず買うという人が結構いる。しかも飽きないのかなぁ？　というくらい頻繁に。その皆さんに聞いたところ、おいしいからという理由以外に、何だかないと寂しい、いわゆる「やみつきになる味」というものが多かった（そんな怪しい機能性成分はないと思うが……）。

イチジクの人気は昔、あちこちの庭先にイチジクの樹があった頃に食べてやみつきになってくれた人たち、そんな人たちが支えてくれているのかもしれない。以前から、イチジクの購買層は比較的高齢で、若い人たちには人気がない、とされてきた。現状に満足せず、もっと若い人に食べてもらい、「やみつき層」を増やす消費宣伝をしたいものである。（真野隆司）

5章 休眠期の管理

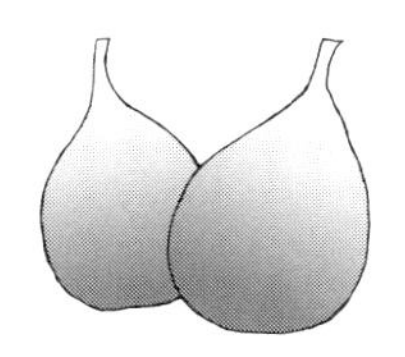

1 施肥と土づくり

イチジクの施肥と土づくりの考え方

イチジクの地上部と根の動きは、おおよそ図5-1のようになるが、これらを念頭においた年間の施肥と土づくりの考え方は、

❶3月までの休眠期にじっくりと土づくりを行ない、春根の活動を促進する
❷前年度の貯蔵養分で、4月以降の発芽期には勢いよく充実した新梢を出させる
❸5月下旬～6月上旬の養分転換期にスムーズに移行し、前後で生育ムラを生じさせない
❹果実生長と成熟のバランスを取りながら肥培管理を行なう
❺秋根の生長を助け、光合成の促進によって貯蔵養分の増加をはかり、次年度に備える

といった点に集約される。

樹勢の診断と施肥

イチジクの樹勢の強弱は、休眠期の結果枝基部の太さで判断できる。「桝井ドーフィン」の一文字整枝の場合、1節目と2節目の節間の直径をノギスで測り、20～25㎜くらいの太さを基準にする。もう1節上の、せん定の切り口の太さで判断するなら、18～22㎜程度になる。これより太ければ樹勢は強い。その場合は施肥、とくにチッソは控えめとする。逆に細ければ樹勢が弱く、品質はよいが小玉で、収量も劣っていたはず。増肥を検討する。

施肥の量、成分の考え方

①各産地の標準施肥量

施肥量は土壌の性質、気象条件に加え、前年の生育や果実の出荷成績もかかわる。

成木の施肥量は、「桝井ドーフィン」で10aあたりチッソ16kg、リン酸14kg、カリ18kg程度だが（兵庫県、表5-1）、粘土質で保肥力の高い土壌ではこれより少なめに、砂質で肥料の流亡しやすい土壌では多めに設計する。

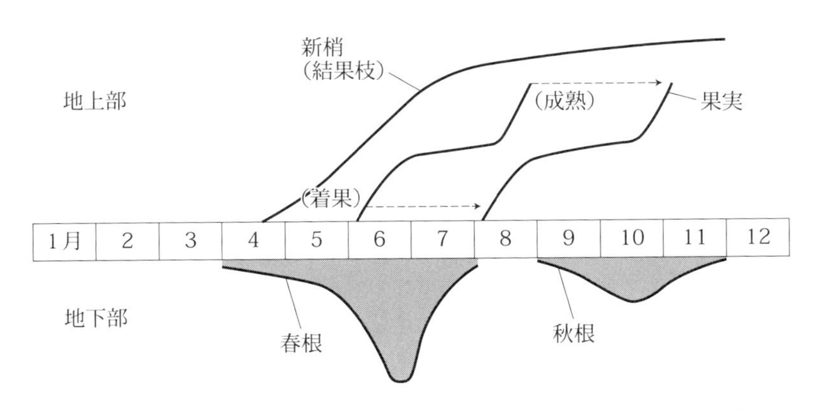

図5-1　イチジク樹の年間の地上部と根の動き（株本、1985を改変）

各産地では長年の経験からそれに見合った施肥設計がなされており、同一県内でも大きく違う（表5-2）。さらにそれに比べて自分の園の土壌や栽培条件はどうか、また樹の生育はどうかを見ながら減肥、増肥を決める。

表5-1 「桝井ドーフィン」の樹齢別施肥基準（株本、1985）

樹齢(年)	チッソ	リン酸	カリ
1	4	2	2
2	6	3	4
3	8	6	8
4	12	10	12
5	14	12	16
6年以上	16	14	18

注　単位はkg /10a、兵庫県

表5-2 イチジクの年間施肥量（真野、2008）

産地	チッソ	リン酸	カリ
神戸市	5～9	8～16	10～20
川西市	18.3	17.5	20

注　単位はkg /10a

②樹勢を見きわめ、チッソ主体に設計

施肥量は、チッソ成分量を主体に計算する。樹勢の強い園、もしくは強い樹は基準の施肥量より思い切って半分程度に減らす。逆に、樹勢の弱い園(樹)は、元肥の量はそのままに、追肥の回数を増やすことによって対応する（第3章42ページ）。その場合の年間のチッソ成分量は、追肥を増やした回数分のチッソ量を増やす程度でよい。ただし、樹勢低下の原因が排水不良やセンチュウによる根の被害、また耕土の浅さや園内作業時の踏み固めによる場合もあり、どちらなのかを見きわめる必要がある。増肥だけですべてが解決できるわけではない。

③イチジクの肥料は「四要素」

イチジクの肥料要素で特徴的なのは、石灰すなわちカルシウムの吸収量がずば抜けて多いことである（表5-3）。チッソの1.5倍もある。通常、チッソ、リン酸、カリを「肥料の三要素」と呼ぶが、イチジクの場合はカルシ

表5-3 「桝井ドーフィン」6年生樹の年間無機成分吸収量（平井ら、1957）

部位	チッソg（%）		リン酸g（%）		カリg（%）		カルシウムg（%）		マグネシウムg（%）	
未熟果	0.16	(0.3)	0.03	(0.2)	0.10	(0.1)	0.13	(0.1)	0.04	(0.2)
成熟果	29.10	(45.3)	9.42	(50.9)	45.37	(60.5)	20.97	(21.0)	2.50	(11.8)
葉	18.44	(28.7)	2.75	(14.9)	13.34	(17.8)	51.10	(51.2)	10.29	(48.5)
1年生枝	4.46	(6.9)	1.40	(7.6)	2.82	(3.8)	5.73	(5.7)	1.77	(8.3)
2～5年生枝	5.95	(9.3)	1.77	(9.6)	4.51	(6.0)	11.92	(11.9)	2.43	(11.5)
幹	1.11	(1.7)	0.48	(2.6)	1.04	(1.4)	2.90	(2.9)	0.53	(2.5)
地上部合計	59.22	(92.1)	15.85	(85.7)	67.18	(89.5)	92.75	(93.0)	17.56	(82.8)
地下部合計	5.06	(7.9)	2.64	(14.3)	7.87	(10.5)	7.01	(7.0)	3.66	(17.2)
総計	64.28	(100)	18.49	(100)	75.05	(100)	99.76	(100)	21.22	(100)

◎元肥の施用時期は今後の課題

元肥の施用は一般に休眠期で、実際に12月頃を想定している産地が多い。本書もそれに沿って記述しているが、近年は休眠期は根があまり活動していないので、この時期に施用しても肥料分が園外に流亡し、むだになるのではと指摘する人もいる。加えてイチジクは低温での樹体の活動がほかの落葉果樹よりにぶい。現在は遅い産地で2～3月の施用となっているが、効率的に肥料を効かせるためには、さらに遅めの施用と、施用量そのものを軽減できないか検討する必要がある。

（真野隆司）

ウムを加えて「四要素」といっても過言ではない。実際、イチジクは中性ないし弱アルカリ性（上限はpH7.5まで）の土壌でもっとも生育がよい。

カルシウムは、毎年苦土石灰、もしくはカキ殻を主成分とした有機石灰（セルカ）で10aあたり100～200kg程度施用する。全量を元肥として12月～1月に施すが、量が多い場合は11月と3月、2回に分ける。

なお、石灰質資材の施用後は、元肥施用まで2～3週間の間隔をあける。また、酸性土壌（pH6.0以下）では、酸度矯正のため熔リンを10aあたり50～70kg程度施用する。これはほかの元肥と同時に施用してもよい。

（真野隆司）

元肥と有機物施用

この時期の施肥は元肥である。元肥には、土壌内に有機物を増やす「土づくり」のねらいと肥効の持続性を考慮して、有機質主体の肥料を施用する。

時期は12月～1月、チッソは年間施用量の50％、リン酸は100％、カリは30％を施用する。リン酸は生育初期の吸収が多いため、この時期に全量施用する。

なお、有機質肥料のなかでよく使われる油かすは、比較的速効性であるため、施用は2月以降とする。成分はチッソ主体なので、リン酸、カリは化成肥料などで補う。

鶏糞はチッソが多いうえに分解が遅い。量が多すぎると遅効きしてしまうので、10～11月頃に施用し、チッソ分を考慮してほかの肥料を減らす。

元肥で施す有機質肥料とは別に、有機物も施用する。具体的には春にマルチとして用いた敷きワラで対応する。敷きワラはこの時期

◎イチジクのコンテナ液肥栽培

生育に適した施肥を行なうには、必要なときに必要な量を施用することが望ましいが、コンテナ栽培での知見をもとに徐々にその量の目安が見えてきている。

イチジクは、根域を制限するコンテナ栽培も可能で、その施肥法として液肥による肥培管理が検討されている。

具体的には、土量40ℓ、結果枝6本のコンテナ樹では、図5-Aに示すチッソ量を液肥により毎日施用し、不足する水分は灌水で別に補う。これによって生育が良好となり、80g前後の果実が収穫できることが明らかになっている。液肥はチッソ、リン酸、カリを含むものを用い、チッソ濃度100～200㎎/ℓ程度に調節する。収穫終了後も1日100㎎のチッソを施用することで、翌年の下位節での着果が良好となる。

チッソ以外の要素の時期別の吸収特性についても、カリウムは、着果開始以降に吸収量が増加し、果実での吸収割合が高いことなどが明らかになってきている。これらの技術をもとに、今後は地植えのイチジクでも生育により適した施肥技術の組み立てが可能になると考えられる。

（鬼頭郁代）

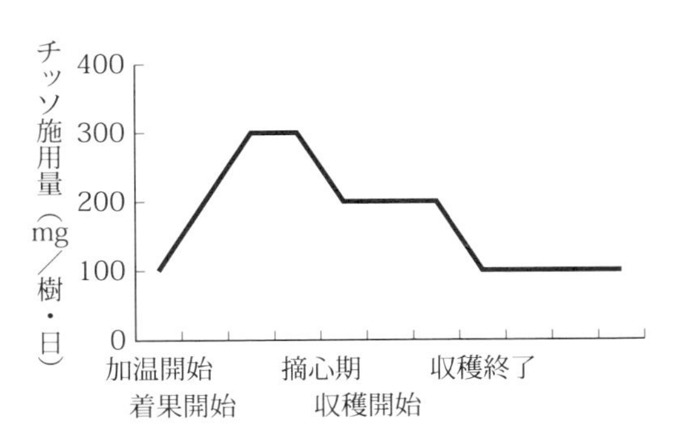

図5-A　生育時期別の液肥によるチッソ施用量

（鬼頭）

にはすでに腐熟しているが、完熟堆肥10aあたり1t程度をこれと合わせ、うねの谷からあげた土と軽く混ぜてすき込む。浅い部分に集中しているイチジクの根の環境をよくするため毎年継続して行なう。ただし、堆肥にもチッソ分は含まれており、しかも遅効きするため、やり過ぎると徒長と過繁茂、着色不良や裂果による品質低下をまねく。

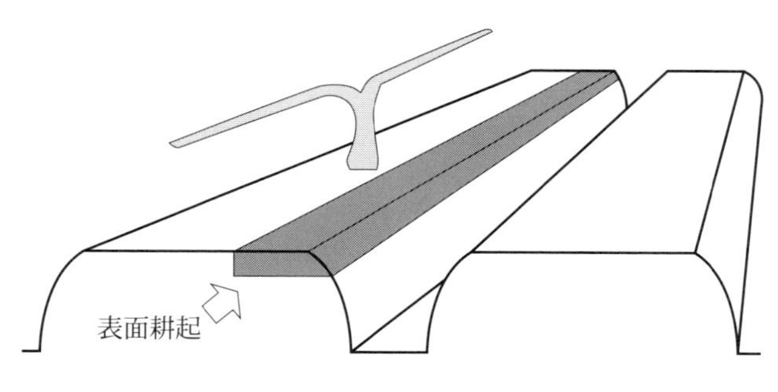

図5-2　表面耕起による土壌改良

土壌管理法

①客土

有効土層の少ない園や樹勢の衰えた園では、山土の客土を行なう。

冬季、元肥施用後に10aあたり10～20t程度、うねの上に投入する。これを3年程度継続する。山土は林の表土など粗大有機物の多いものは白紋羽病などの危険があるので避け、真砂土などを使う。

②表面耕起

イチジクでは断根をおそれてあまり中耕は行なわれない。しかし栽培年数が経つにしたがってうねは踏み固められ、次第に土壌の物理性は悪化する。また、石灰の施用によってpHも表層のみが高くなる。そこで、樹勢の衰え始めた園を対象に、休眠期の11月下旬～2月、うねの肩の部位を中心に10cm程度耕耘し(図5-2)、完熟堆肥(10aあたり2～3t)と、腐熟した稲ワラ(マルチ材料)や土壌改良資材(苦土石灰と熔リンをそれぞれ10aに100kgと40kg程度)を同時にすき込む。

翌年はうねの反対側を耕耘し、片側を2年に1回交互に起こし、1樹あたりの断根量は20%程度にとどめる。耕起後は、再度谷上げを行なって元の高うねに戻す。

なお、主幹近くは太い根をいためるので避ける。太い根を切った場合はささくれだった切断面をせん定ばさみで切り戻しておく。

(真野隆司)

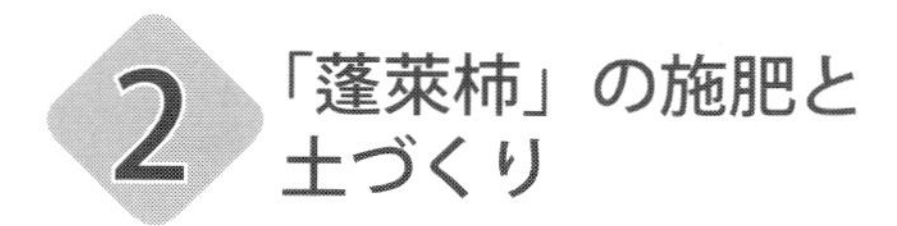

2 「蓬莱柿」の施肥と土づくり

「蓬莱柿」は「桝井ドーフィン」に比べ樹勢が強く、新梢伸長が旺盛である。とくに若木の間は、新梢が徒長しやすく、果実の成熟期が遅れて着色不良や、糖度が低下しやすい。逆に、成木後に施肥量が不足すると新梢伸長が極端に劣ったり、不着果が発生したり、果実肥大が劣る。肥料は基準(表5-4)を参考に、新梢伸長や果実肥大をみながら量と時期を調整する。

また、「桝井ドーフィン」の項でも述べたようにイチジクは中性から弱アルカリ性に近い土壌で生育がよいので、土壌pH6.0～6.8を

表5-4　「蓬莱柿」の施肥基準(福岡県)

施肥時期	施肥量(kg /10 a)と分施割合		
	チッソ	リン酸	カリ
元肥　1～2月上旬	3.5(70%)	4.0(100%)	4.2(70%)
芽だし肥　3月上・中旬	0.5(10%)	-	0.6(10%)
追肥　7月上旬	0.5(10%)	-	0.6(10%)
礼肥　10月下旬	0.5(10%)	-	0.6(10%)
合計	5.0	4.0	6.0

注　8月下旬～9月上旬の収穫ピーク後に、果実が著しく小玉化する場合は、年間チッソ施用量の10%程度を実肥として9月中旬に施用する

図5-3　枝を切る位置（木谷原図）　**図5-4　ほぞの切り落とし**（木谷原図）

目標に、炭酸苦土石灰などの土壌改良資材を元肥施用の２～３週間前に施用する。ただし、石灰質資材を過剰に施用して土壌pHが上がりすぎると、微量要素欠乏が発生するので注意する。また、樹勢が弱った場合や排水不良で根が伸びにくい場合は、堆肥を10aあたり2t程度投入し、土壌改良をはかる。（粟村光男）

3 せん定

「桝井ドーフィン」の場合

①時期

せん定は落葉後の12月から２月にかけて行なう。しかし、若木の場合や凍害の危険性がある地域では、厳寒期を過ぎた２月中・下旬に行なうのがよい。ただ、防寒被覆をいったん外してせん定するのは大変なので、凍害が発生する地域では早めの12月にせん定を済ませ、すぐに防寒して冬の凍害に備えておく。

②方法

「桝井ドーフィン」は夏秋果兼用種だが、通常は秋果のみを収穫するせん定を行なう。一文字整枝の「桝井ドーフィン」のせん定は、基本的には昨年伸びた結果枝の基部を1、2芽残して切り、発芽後、芽かきを行なって１本の結果枝を伸ばす。主枝先端の結果枝が弱ってきた場合は頂芽優勢の性質を利用し、上芽で切り返すか、主枝先端を支柱などで持ち上げ、樹全体の結果枝が揃うよう、微調整を心がける。

写真5-1　ほぞ落とし後の乾燥によって生じた葉焼け（矢印の葉）

枝を切る位置は、２芽残すとすれば、その１節上の芽の部位で切る（図5-3）。イチジクの枝は軟らかく太い髄が中心にあり、材も粗く乾燥しやすい。使いたい芽の直上で切ると、乾燥して使いたい芽の生育が悪くなる。

残ったほぞは、次年のせん定時に切り落とし（図5-4）、切り口にボンドを塗っておく。当年の6月末頃に切り落とすほうが切り口の癒合は早いが、切り口が乾燥して新梢先端が萎れるなどの弊害が出ることがある（写真5-1）。当年に切る場合は高温乾燥時を避け、切

写真5-2　「蓬莱柿」結果母枝の水平誘引（粟村原図）

写真5-3　はげ上がり防止のため、「蓬莱柿」では全側枝の3割程度を切り戻す（写真は発芽時のもの、姫野原図）

写真5-4　杭をつかい樹高を引き下げている開心自然形樹（「蓬莱柿」）（粟村原図）

り落とし後には木工用ボンドを早めに塗布しておく。

また、2芽残すといっても、上を向いた芽や二次伸びした秋芽は、翌年結果枝として基本的に使えない（37ページ、図3-3参照）。あくまで使える芽が先端になるように残す。ただし、樹勢が弱い場合は、ふだんは使わない上芽ぎみの芽を使う。逆に樹勢が強すぎれば、少しでも樹が落ち着くことを優先して、やや下芽ぎみの芽を優先して使う。

同じことは1樹中の結果枝の位置についてもいえる。主枝の先端部は、どうしても弱くなりやすいため、なるべくやや上芽ぎみの芽を使い、主幹に近くなるほど結果枝は強くなりやすいため、やや下芽ぎみの芽を使う。　（真野隆司）

「蓬莱柿」の場合

①従来は、間引き主体にせん定

「蓬莱柿」は植え付け5、6年で樹形が完成し、成園になる。その後、主枝、亜主枝の先端部分に結果母枝を多めに配置し、先端は棚面から斜め上に立つように誘引して、つねに強くなるようにする。

「蓬莱柿」の冬季せん定では、結果母枝の間引きせん定を行ない、残した結果母枝は、棚面1㎡あたり2、3本を目安に、均一に水平誘引する（写真5-2）。残した結果母枝は、基本的に先端を切り返さないが、樹齢の経過とともに新梢伸長が劣ってきた場合には適宜切り返しせん定を加える。

いっぽう、側枝は4、5年利用するが、はげ上がり防止のため全側枝数の30％程度を切り戻す

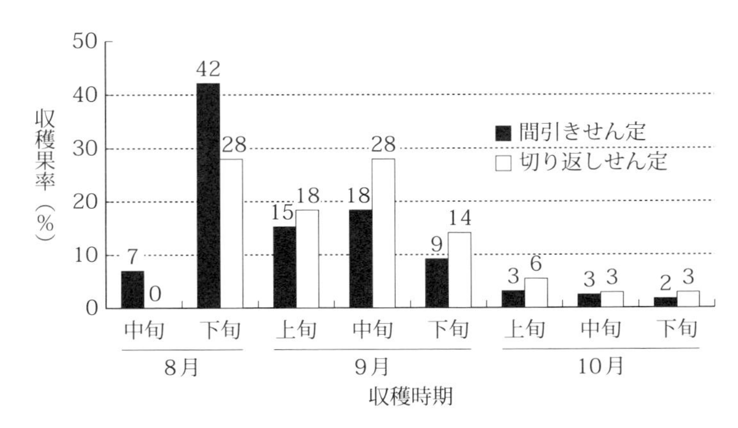

図5-5 「蓬莱柿」間引きせん定樹と切り返しせん定樹の時期別収穫果率

る（写真5-3）。

棚がない場合は開心自然形に仕立てるが、基本的な整枝せん定は平棚仕立てと同様である。ただし、樹高が高くなりすぎると管理労力がかかるため、支柱や杭を利用して主枝や亜主枝の引き下げを行なう（写真5-4）。

②結果母枝の切り返しで収穫ピークを分散

「蓬莱柿」では従来、間引きを中心としたせん定で発芽を早め、新梢伸長を抑制して、収穫前半（8月下旬～9月上旬）の収量を多くする栽培体系がとられてきた。早期出荷による高単価をねらった栽培である。しかし近年、収穫労力の集中や、出荷集中による単価低迷から、逆に結果母枝をすべて切り戻して発芽を遅らせ、新梢伸張を促して収穫ピークを遅らせることで、収穫時期を分散させるせん定も行なわれている。

樹冠が十分拡大し、成木に達するまでは、従来どおり間引きせん定主体とする。成木に達し、樹勢が落ち着いた樹に対しては、すべての結果母枝を基部2芽残して切り返す（写真5-5）。つまり、「桝井ドーフィン」と同じである。翌年以降も同様のせん定を繰り返す。

写真5-5 「蓬莱柿」の結果母枝は基部2芽を残し、切り返す
（粟村原図）

切り返しせん定により、先ほど述べたように新梢伸長が旺盛となり収穫開始が7日程度遅れるが、8月下旬の収穫果率が下がり、9月中旬以降の収穫果率が上がる。収穫ピークが分散し、収穫後半の収量が多くなる（図5-5）。

総収量および果重は、収穫前半の収量が多い間引きせん定のほうが切り返しせん定よりやや優る傾向があるが、その差はわずかである。せん定や芽かきが簡便になり、これらの作業時間も短縮できる。

切り返しは、樹冠拡大中の若木に適用すると新梢伸長が旺盛になりすぎるので、あくまで樹勢の落ち着いた成木に適用する。

7月下旬時点での新梢が、長さ1m以内、展葉枚数20～23枚程度になるよう肥培管理する。

樹勢が衰弱した樹では、切り返しせん定だけでは十分な新梢伸長促進効果が得られない場合があるので、側枝の切り戻し、土壌改良、増肥などを併用し樹勢強化をはかる。

結果母枝をすべて切り返すと、結果母枝先端部に着生する夏果が収穫できなくなる。夏果生産を目的とする場合は、従来の間引きせん定を利用する。園内に、間引きせん定樹と切り返しせん定樹を混在させて、収穫ピークの調整をはかることも可能である。

（粟村光男）

6章 病気・害虫と生理障害、鳥獣害対策

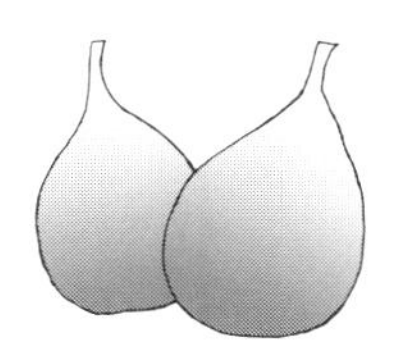

＊本章で紹介している農薬は、2014年2月現在登録のもの。巻末にイチジクに登録のあるおもな殺菌剤、殺虫剤の一覧表を掲載しているので参照のこと。

1 おもな病害と防ぎ方

株枯病

主幹地際部や主枝に不規則な褐色の病斑を生じて幹が腐敗する（写真6-1）。病斑が生じると新梢が萎凋し黄化落葉する。病斑の拡大に伴い樹体が枯死する。

土壌、苗木、アイノキクイムシ（写真6-2、6-3、）で伝染する。おもに根基部から菌が侵入し、地上部の幹へ移動する。感染は6～9月に多く、地温が25～30℃で発病が多い。

対策としては、健全樹からとった穂木を用いて未発病土で増殖させた苗木を導入する。発病樹は早期に抜根し、園外に持ち出して焼却する。跡地は土壌消毒する。発病園では、健全樹も含めて株元に薬剤を灌注する。なお、近年では株枯病抵抗性台木による接ぎ木栽培も試みられている。（粟村光男）

写真6-1　株枯病におかされたイチジク樹

写真6-2　アイノキクイムシ（体長約4mm）
株枯病を保菌し、媒介虫となる

写真6-3　アイノキクイムシが掘った坑道と株枯病の患部

疫病

おもに果実、葉に発生する（写真6-4）。果実には幼果から成熟果まであらゆる生育段階で発病し、暗緑色から黒色の水浸状の大きな病斑ができたあと、その表面にうどんこ病のようなカビを生じる。病徴の発現は早く、発病樹から収穫した果実は病斑がなくても出荷

写真6-4　疫病
果実に水浸状の黒色がかった病斑ができ、うどんこ病のようなカビを生じる

後、急に発生することがあるため、要注意である。

葉には暗緑色の不整形の大きな病斑ができ、やがて落葉する。高温多湿を好み、発生は6～7月の梅雨期か、8月下旬以降の秋雨期に見られる。土表面の菌が降雨時の雨滴ではね上がり、下の段に付着してから発病する。

葉、果実どちらともたいてい下の段から発病し、上の段に向かって伝染していく。ときに主幹にも発生し、株枯病に似た症状をおこすこともある。しかし病斑部がドロドロに軟化腐敗する点で株枯病と区別がつく。疫病はつねに地面が湿っている場所や、過繁茂で通風の悪い場所に出やすい。対策は以下のとおりである。

❶罹病果や罹病葉は園外に持ち出し、焼却処分する。地面に落ちた果実や葉が翌年の伝染源になるので、収穫後も園内をよく清掃する

❷うねに敷きワラなどでマルチを行ない、雨滴のはね上がりを防止する

❸排水の改善とともに結果枝の整理を行ない、チッソ施肥を控えるなど、過繁茂状態を解消し、風通しをよくして園内を乾燥させる

❹発病樹の果実は出荷後発病することがあるので、薬剤散布を行なって病徴の進展が止まったことを確認するまで出荷しない

写真6-5　黒カビ病（細見原図）
出荷後のクレームでもっとも多い病気

❺薬剤散布は、予防的な散布としてコサイドボルドー、Zボルドーなどの銅水和剤、ダコニールで対応し、予防もしくは発病時の散布としてランマンフロアブル、アミスター10フロアブル、ライメイフロアブル、レーバスフロアブルを散布する。疫病の登録薬剤も近年増加し、効果の高いものも増えてきた。予防的な散布を6月の梅雨前と8月下旬の秋雨前に行なっておけば、かなりの期間抑えることができる

果実腐敗病

イチジクの果実腐敗は、収穫期間中に雨が多くなれば多発するが、疫病のように枝葉や幼果には発生せず、成熟果のみに発生する。果実腐敗とひと口にいっても、黒カビ病、酵母腐敗病など数種存在する。これらの病害は、ショウジョウバエ類やヒメジャノメなどの昆虫が菌の運び屋となって助長される。

①黒カビ病

このうち、黒カビ病は、発生初期には果実

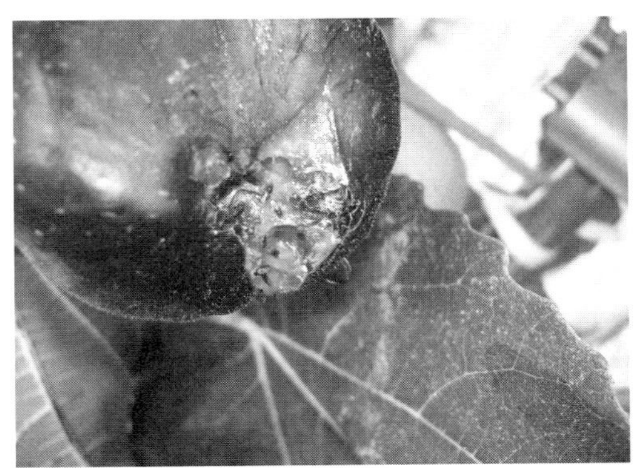

写真6-6　酵母腐敗病
裂果部分が赤く変色、強い発酵臭を発し、ショウジョウバエなどがたかる

写真6-7　さび病（粟村原図）
葉の表に褐色の小斑点、裏に黄褐色の粉状の胞子をつける。病斑が広がると早期落葉になる

の裂果部分から腐敗が発生し、やがて灰白色、のちに暗褐色に変化するカビが生えて水浸状に腐る（写真6-5）。熟果の潜伏期間は1日程度、菌の繁殖力が強いため、出荷箱内に罹病果があると伝染して箱全体が腐敗することもある。出荷後のクレームは本病によるものがもっとも多い。高温多湿(20～35℃)を好み、有機物の表面など菌はどこにでも存在する。

②酵母腐敗病ほか

また、酵母腐敗病は、酵母菌が果実の裂果部分から繁殖するもので、初期症状は裂果部分が赤く変色し、やがて果汁が果実の目から漏出する（写真6-6）。同時に強い発酵臭とともにショウジョウバエ類が好んで集まる。症状が進むと果実内部はドロドロに溶けて白色の泡を生じ、空洞化するものの、黒カビ病のように果皮にカビは生えず、症状の進展は黒カビ病よりやや遅い。

このほか、目の開口部にネズミの毛のようなカビを生じるタイプ（アルタナリアによる）もあるが、果肉や果皮までカビは広がることはない。また、炭そ病、灰色カビ病なども果実をおかすが、発生はそれほど多くない。

③過熟果を残さず、罹病果は園外で処理

果実腐敗病の対策は、適期収穫を行ない、過熟果を樹上に残さないようにするとともに、罹病果は園外に持ち出し、土中深くに埋めるなどして伝染源を除去する。また、疫病と同様に結果枝密度を下げ、園内の通風をよくし、排水を良好にして園内の湿度を上げないように配慮する。

これらの病害に対する薬剤は、黒カビ病のみにトップジンM水和剤、ロブラール500アクアが登録されている。また、菌を媒介するショウジョウバエ類に対しては、アーデント（アザミバスター）水和剤が登録されている。ただし、降雨が続き、多発してからではこれらの薬剤を散布してもあまり効果はない。降雨が続くことが予想されたら早めに散布しておくことが重要である。

さび病

葉の表面に褐色の小斑点を生じるとともに、裏側には黄褐色の粉状の胞子を生じる。秋にかけてこれらの病斑が多くなると早期落葉し、結果枝は果実だけになる。こうなると果実の発育、成熟は止まり、正常な収穫はできない(写真6-7)。

露地栽培では10日～1ヶ月の潜伏期間ののち8月末頃から発生し、夏胞子で二次伝染する。ピークは9月後半～10月初め頃であるが、夏に低温多雨の年ほど発生が多い。加温ハウス栽培では、生育期間が長く冬季に病菌密度が下がらないため周年発生しやすく、周辺の園を含めて被害が大きい。

病葉に生じた冬胞子で越冬し、翌年の伝染

写真6-8　そうか病
「蓬莱柿」で発生が多い。葉、枝、果実の幼若な組織をおかす。直径1㎜程度の暗褐色の小斑点が生じる

写真6-9　萎縮病（イチジクモザイク症）
（松浦原図）
葉が縮れたりモザイク状にまだらになったりする。イチジクモンサビダニの防除を徹底するとともに、症状が見られる樹から穂木などは採種しない

源となるため、被害葉は焼却し、越冬菌の密度を下げる。防除は、春先（4月上旬）に石灰硫黄合剤7倍液を散布し、生育期には8月に1～2回、アンビルフロアブル、ラリー水和剤、トリフミン水和剤、アミスター10フロアブルなどを予防散布する。　（真野隆司）

そうか病

「桝井ドーフィン」より「蓬莱柿」で発生が多い。葉、枝、果実の幼若な組織をおかす。果実では暗褐色の小斑点が生じ、お互いに癒合してコルク化し、大型の不整形斑となる場合もある（写真6-8）。

枝梢病斑が一次伝染源となる。発芽後は新梢や果皮上に形成された病斑上の分生子が二次伝染源となる。分生子は風雨で飛散する。まず、発芽直前の薬剤防除（4月）により越冬伝染源を少なくするとともに、葉から果実の感染防止のため新梢伸長期から果実肥大期にかけても防除する。薬剤散布の間隔は降雨に応じて調整する。トリフミン水和剤、アミスター10フロアブル、デランフロアブル、キノンドーフロアブル、トップジンM水和剤で防除するが、トップジンMは耐性菌が発生している地域もあるため連用は避ける。

（粟村光男）

萎縮病（イチジクモザイク症）

発芽・展葉期から盛夏にかけて葉に発病し、果実にも発病することがある。葉の症状はいろいろだが、縮れたり葉色がモザイク状にまだらになったりする（写真6-9）。症状が軽い場合は、梅雨明け頃から回復し、生育もほかの枝と変わらなくなる。しかし重症になると生育前半の枝伸びが悪く、着果開始が遅れ、収穫期も遅れることがある。

モザイク症状の存在は以前から知られていたが、原因はイチジクモンサビダニが芽に潜んでイチジクが発芽、展葉して、新梢が伸長するさいに、葉に生息し吸汁することで症状がおこると考えられてきた。しかし、イチジクモザイクウイルスが発見され、症状はこのウイルスによるものである可能性が指摘されている。

詳細は今後検討されるべきだが、現時点では、

❶イチジクモンサビダニの防除を徹底して吸汁害やイチジクモザイクウイルスの感染を防ぐ

❷挿し木として利用する場合には、症状の見られた枝を用いない

この2点が対策として重要であると考えられる。（松浦克彦）

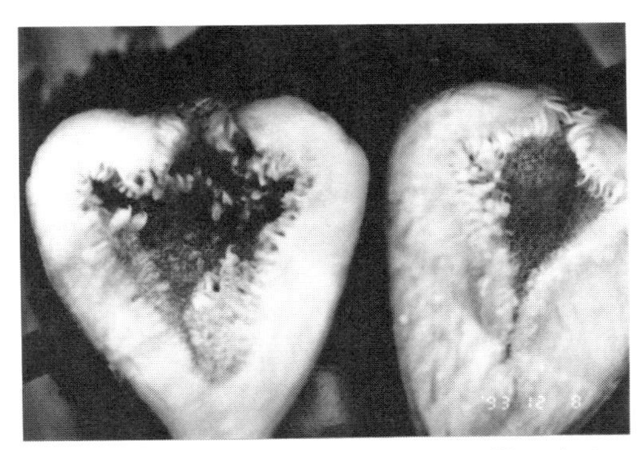

写真6–10　アザミウマによる被害果（左、右は正常果）

果実の内部が褐変している

2 おもな虫害と防ぎ方

アザミウマ類（スリップス）

体長1.5㎜程度のきわめて微小な虫で、イチジクを加害するのはヒラズハナアザミウマ、ハナアザミウマをはじめとした数種である。

発生は6月中旬～7月中旬にピークとなり、着果後15～20日、果実の横径が25～30㎜となった頃、わずかに開いた果実の目に侵入する。侵入すると果実内部を褐変させ（写真6–10）、ひどい場合には内部にカビを生じる。果皮色がややくすんだ印象となるが外観からは判別しにくく、消費者からのクレームで返品となることが多いため、その影響が大きい。虫も小さく、被害も外からはわからないとあって、悩みの種となっている。高温乾燥傾向の年ほど多い。おもに薬剤散布で対応するが、具体的方法は以下のとおりである。

❶まず、自園の一番果の着果日をよく観察し、目の開く時期（着果後15～20日頃）を把握する。その時期に確実にオルトラン、もしくはジェイエース2,000倍液を散布する。オルトランはアザミウマ類に有効な薬剤だが、使用時期、回数が収穫前45日まで、年1回と限定されるのでなるべく早期に使いたい。散布量は10aあたり300～350ℓ以上、動噴を用いて細かい霧でたっぷりと、葉の表も裏もていねいに散布する。とくに樹勢が強く、新梢がよく伸びている園では多めに散布する

❷2週間あけて、オルトラン、ジェイエース以外の剤（モスピラン顆粒水溶剤、スカウトフロアブルなど）を同様に散布する

❸さらに2～3週間あけて、もう1回散布する（❷と同じ剤で可）。このときはハダニにも効果のある剤（コテツフロアブル）を使うか、ダニ剤との混用も考える

この❶～❸の薬剤散布をきちんと行なえば、10月までのアザミウマ被害はほぼ抑制できる。

❸以降、8月の薬剤散布は、収穫打ち切りの時期を踏まえて行なう。

近年はイチジクの登録農薬も増え、アザミウマ防除剤も収穫前日まで使えるものが多いが、8月はアザミウマの発生ピークも過ぎており、この時期に散布して効果のある果実は、目の開く時期から逆算して10月中旬以降の

収穫となる。そこまで収穫するのかどうか、収穫しないとすれば、よほどの高温乾燥、多発年でないかぎり、すでに収穫期に入っているので8月以降のアザミウマ防除はなるべく控える。

農薬を使わない防除法としては、4章（49ページ）でも紹介したが、「透湿性白色シート」を樹冠下に被覆し、反射光でアザミウマを寄せ付けない方法がある。また、不織布製の白色サージカルテープ（ニチバンホワイトテープ）をイチジクの目に貼り付け、果実内部への侵入をシャットダウンする方法も実用化されている（市川ら、2004）。

なお、アザミウマ類は園の周辺雑草に多数生息しているので、それらの除草も徹底しておきたい。

カミキリムシ

イチジクを加害するカミキリムシのなかでは、クワカミキリとキボシカミキリ（写真6-11）の2種が重要で、それぞれ習性が異なる。どちらが防除対象なのか見きわめたうえで対処したい。

①クワカミキリ

幼木期から成木に至るまでずっと加害し、被害も大きいのがクワカミキリである。体長は40㎜前後、比較的大型で、灰黄褐色のビロード状の細かい毛が生えている。成虫は6月下旬～9月上旬に出現し、若枝の樹皮や葉をかじる。その後、新梢のつけ根、直径2㎝程度の場所に小判形の深いかみ傷をつけ、そこに卵を産む。

ふ化した幼虫はたいてい2年で成虫になる。成長するにしたがって材部を食害しながら、主枝、主幹から株際方向へ向かって進み、食害するトンネルも大きくなる。このため、成木の結果枝が産卵痕から折れたり、主枝が枯死したりすることもあり、苗木や若木に入られた場合のダメージは大きい。ところどころに小さな穴をあけ、ダイコンおろしに色をつけたような虫糞を出すので、すぐわかる。

防除は、成虫の捕殺とともに、産卵後すぐであれば産卵痕の中の卵をつぶすのがよい。葉や樹皮がかじられた跡を見つけたら、その近辺の結果枝のつけ根をよく観察してみる。産卵痕がよく見つかる。幼虫がいたら、木くずを出している穴に専用のノズルのついたスプレー缶の殺虫剤、園芸用キンチョールEを注入して防除する。9～10月頃であればまだ幼虫も小さく、材の被害も少ないので効果的である。

効果の確認は、処理後の穴近辺の虫糞を片

写真6-11　クワカミキリ（左）とキボシカミキリ（右）

クワカミキリは比較的大型で（体長4㎝前後）灰黄褐色のビロード状の細かい毛が生えている。キボシカミキリは淡黄色の斑点があり、体長2～3㎝と小型付けておき、そこから虫糞が再度出てくるかどうかを見る。これをやっておかないと、効果の有無も見落としも確認できない。虫はとっくに死んでいるのに、同じ穴に何回も処理することになってしまう。

②キボシカミキリ

いっぽう、キボシカミキリは体長20～30㎜とクワカミキリより小型で、ネズミ色の体に淡黄色の斑点があるのが特徴である。成虫は6月上旬～9月末まで発生期間が長く、個体数も多い。キボシカミキリは健全なイチジク樹にはあまりこないが、凍害などを受けて樹体がいたむと飛来し、いたんだ樹皮に多数産卵する。5㎜程度の三日月形の傷が産卵痕である。

幼虫は樹皮下を食い荒らし、樹皮の割れ目に多数の木くず状の虫糞を出す。被害が進むと樹皮が広範囲にわたって枯死し、樹が衰弱する。クワカミキリより個体数が多いうえ、食害孔も虫糞だらけでわかりにくく、スプレー式の殺虫剤も使えない（キボシカミキリには登録がなく、ノズルがすぐ目詰まりする）。いったん食入するとクワカミキリよりやっかいである。

対策は、7月にモスピラン顆粒水溶剤を散布する。成虫に対して効果が高く、アザミウマ、コナカイガラムシの同時防除剤としてもすぐれている。凍害の発生が認められた園では、予防としてガットサイドSの原液を4～7月に主枝、主幹の表面に塗布し、産卵を防止する。日焼けをある程度防止する効果もある。

生物農薬として、天敵糸状菌で成虫を防除するバイオリサ・カミキリか、天敵センチュウで幼虫を防除するバイオセーフが登録されている。

カイガラムシ（スス病）

イチジクの果実に黒くススがついたような汚れが付着し、商品価値がなくなることがある。原因はたいていカイガラムシの寄生であり、スス状の汚れは、この虫の排泄物に黒いカビが生えるためである。カイガラムシを防除してしまえば、果実の汚染はなくなる。

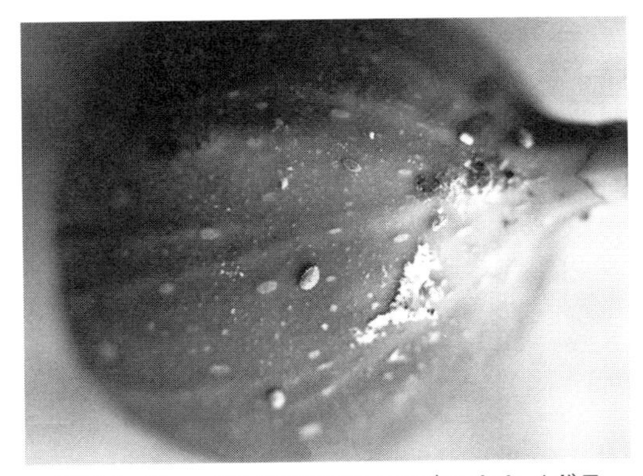

写真6–12　イチジクに多いフジコナカイガラムシ

イチジクを加害するカイガラムシは、フジコナカイガラムシ（写真6–12）が多く、モミジワタカイガラムシの発生も見られる。ナシ園やブドウ園でも同様であるが、コナカイガラムシの類は、園が古くなってくると増加する傾向がある。古くなって枯れた樹皮や巻きつけた誘引ひものすき間など、薬剤がかかりにくい場所に隠れている場合が多い。休眠期には園内をよく清掃して隠れ場所をなくすことが、数を減らすための基本であり、そのうえで、防除薬剤をたっぷり散布することが重要である。

休眠期には機械油乳剤、新梢の発芽後は年2回程度、アプロードフロアブル、モスピラン顆粒水溶剤などで防除する。

ハダニ類

イチジクを加害するハダニは、カンザワハダニが多い。ハダニは高温乾燥時に増殖するが、近年そのような年が多いためか、多発する傾向にある。また、以前に比べイチジクに登録のある防除薬剤が増えてきたのはよいが、ネオニコチノイドや合成ピレスロイドなど、強い殺虫力の薬剤が多く、天敵まで防除してしまう、いわゆる「リサージェンス」もハダニの増殖を助長している可能性がある。

写真6-13　ハダニの被害果実
さび状に色あせ、果皮にツヤがなくなり、商品価値を落とす

ハダニの被害は、葉や果実に発生し、とくに果実はさび状に色あせ、着色しても果皮にツヤがなくなってしまうため(写真6-13)、商品価値を著しく落とす。葉も緑色を失い、早期落葉する。

ハダニ(カンザワハダニ)は成虫で0.3～0.4㎜、1葉に2頭程度見かけたら要防除といわれるが、よほど多発しないかぎり、イチジクを栽培している多くの人の年代では、まず見えない。高温乾燥時には爆発的に増殖することも多いため、7月に入って晴天が4～5日続けばアザミウマ防除も兼ね、必ずハダニの防除を実施する。ハダニもアザミウマ同様、十分な薬量かつ細かい霧で、葉の表裏をていねいに散布する。

防除薬剤にはスターマイトフロアブル、ダニサラバフロアブル、コロマイト乳剤、バロックフロアブル、コテツフロアブル、マイトコーネフロアブル、ダニトロンフロアブル、ピラニカ水和剤、サンマイト水和剤などがあるが、どの薬剤も年1回の処理とし、輪番散布を心がける。なお、ダニトロン、ピラニカ、サンマイトは同系統の薬剤であるため、同一剤と見なして連用を避ける必要がある。

イチジクモンサビダニ

フシダニ科に属し、0.2㎜程度のきわめて微小なダニである。おもにイチジクの新梢先端の新芽から第2展開葉付近に生息し、イチジクモザイクウイルスを媒介して萎縮病を起こすといわれている。ダニトロンフロアブル、ピラニカ水和剤、サンマイト水和剤に登録があるが、これらの薬剤は同一と見なして過度の連用を避ける。散布時期は7月中旬、ハダニと同時防除で対応する。　（真野隆司）

ネコブセンチュウ

イチジクはセンチュウの寄生を受けやすい果樹として知られる。樹の真下を少し掘ってみると、細根には直径1～3㎜のコブ（根粒）がたくさんできていて、まれに1㎝近い根粒が見つかることもある。これは野菜などにも幅広く寄生するサツマイモネコブセンチュウの寄生によるもので、注意深く根粒を解体すると、卵形をした乳白色の雌成虫が寄生しているのがわかる。

根粒ができると根の養水分の流れが遮られ、ひどくなると樹の衰弱をまねく。いったん侵入したセンチュウを完全に退治するのはむずかしいので、イチジクを植えるときには、こういったコブが苗の根についていないかどうかを注意する。

侵入したネコブセンチュウの被害を抑制する薬剤としては、土壌に施用するネマモールやネマトリンなどがある。最近はパストリアという天敵微生物が製剤化されていて、高価だが被害を効果的に抑制できるとされている。

ただ実際には、根粒のまったくない畑を見つけるほうがむしろ困難なくらいで、多少コブがあっても十分に生産できている園も多い。ネコブセンチュウに限っていえば、虫がいるいないより、園地の土壌をイチジク根の発育に適した環境にしてやることのほうが重要といえる。場合によっては「ジディー」などの強勢台木を使ってネコブセンチュウによる樹のダメージを補ってやることも有効である。　（細見彰洋）

写真6-14　イチジクヒトリモドキの成虫と終齢幼虫（左）
1999年に愛媛県で発生が確認されて以降分布域を北上させ、西日本の広範囲で定着が確認されている

イチジクヒトリモドキ

ヤガ科に属し、温暖化の影響か、もともと沖縄に土着していた南方系のガが、近年になって日本本土に侵入してきたものである。1999年に愛媛県で発生が確認され、その後定着も確認された。現在では西日本の広範囲の府県で発生および定着が確認されており、分布は今後も広がっていく可能性が高い。

成虫（写真6-14右）は、前翅は褐色の地色にオレンジ色、黒色、白色の斑紋、後翅は黄色の地色に黒色の斑紋があり、比較的明るく鮮やかな色調をしている。

卵は、直径約0.8㎜、若い葉の裏面に50個程度の卵塊として産卵される。若齢時（20㎜くらいまで）は葉裏に群生し、表皮を残して食害するため、葉脈間に白い膜が残る。発育が進むにつれて分散し、葉表にも生息するようになる。中齢～終齢幼虫では太い葉脈を残して、葉のほとんどを食いつくす。

終齢幼虫（写真6-14左）の体長は約40㎜、全体に黒っぽい毛虫で、腹面はオレンジ色、全体として毒々しいが毒はない。老熟すると土中の浅いところや、凍害で枯れて腐植土化したイチジク材部で蛹化する。蛹で越冬する。

年間四世代程度経過すると推定されているが、目立った被害が発生するのは秋になってからが多い。

耕種的な防除として、若齢幼虫が葉裏に群生しているのを見つけ次第、寄生葉を取り除いて処分する。大きくなって分散している場合には、アディオン乳剤、モスピラン顆粒水溶剤を散布する。

その他の害虫

①オオタバコガ、ハスモンヨトウ

両種とも野菜などで問題となる害虫だが、雑食性が強いため、イチジクも加害する。オオタバコガは果実の目から侵入し、内部を食害し、ハスモンヨトウは果実表面を食害する。休耕田などで大量に発生したものが隣接するイチジク園に移動してくる。ソルゴー畑の雑草に発生していたものが刈り取りと同時にイチジクを加害した例もある。ハスモンヨトウにのみアーデント（アザミバスター）水和剤が登録されている。

②クワハムシ、クロスジツマオレガ

クワハムシは5月頃の展葉初期の葉を食害する（写真6-15）。大きさは6㎜前後、光沢のある緑がかった藍色の前翅をもつ甲虫である。成虫の被害はごく短い期間に限られるが、

写真6-15　展葉初期の葉を食害するクワハムシ成虫

幼虫が多発すると根を食害して樹を弱らせることがある。

クロスジツマオレガは幼虫が凍害などでいたんだ樹皮、周辺材を食害する。キボシカミキリの食害に似るが、虫糞は小さな粒状で、6～7月には近くに1㎝弱の褐色の蛹の抜け殻が見られることが多い。大きな被害ではないが、いたんだ部位はていねいに削り取って修復する。これらの害虫に登録農薬はない。

3 鳥獣害対策

イチジク果実を加害する鳥は、ヒヨドリ、ムクドリ、カラスなどである(写真6-16)。各地でさまざまな防止対策が実施されているが、目玉模様などの視覚による脅しは鳥が慣れやすく、都市近郊での栽培が多いイチジクでは、爆音機などの音響による脅しも騒音問題があり使用がむずかしい。防鳥網を設置することが、鳥害に対してはもっとも確実かつ効果的である。

いっぽう、獣害については、都市近郊に多いイチジクでは中山間地でとくに問題となっているシカ、イノシシなどの被害は比較的少ない。しかしアライグマ、タヌキ、ハクビシンなど人里近いところに生息するほ乳類には注意が必要である。これらの動物も網や電気柵で侵入を防止するのが一番確実な対策である(写真6-17)。とくにアライグマは知能が高く、いったん侵入して中にあるもの（果実）の味を覚えてしまうと、さまざまな経路を探して執念深く侵入を試みる。周辺に生息する加害獣が何であるかを足跡などで見きわめたうえで、その大きさに合わせた網や柵を設置し、侵入を予防する。

4 生理障害

モモ以上に湿害に弱い

イチジクは湿地に適する果樹と考えられて

写真6-16　鳥害を受けた果実

写真6-17　設置中のアライグマ侵入防止柵

きたが、実際は果樹のなかでも湿害に弱いといわれるモモよりもさらに弱い。停滞水が2、3日あっただけで湿害を受け、葉が萎れて葉脈沿いが褐変し、落葉する。大雨による停滞水で湿害が発生した場合は、生育旺盛な葉のみが障害を受けるが、速やかに排水すれば、それ以降展葉する葉は正常になる。

過去、それほど湿害を受けてこなかった園でも、極端な冷夏・長雨となった年に、根全体が大きなダメージ（主根の根腐れ）を受け、樹勢の衰弱によって改植を余儀なくされた例もある。水田転換園の多いイチジクでは、どんな園でも排水不良をおこす可能性がある。その場合の排水対策などをイメージしておくことが大切だ。

飛び節の発生

イチジクの果実は結果枝の各節に1果ずつ着果するが、基部から8、9節くらいまで果実がつかない場合があり、「飛び節」と呼んでいる。原因はよくわからないが、植えたばかりの苗木、ハウス栽培の若木など、貯蔵養分が不足して、かつ徒長ぎみの生育をする樹で多い。また、不定芽から発生した新梢やひこばえなど、遅れて発生する新梢も基部の着果が悪い。養分転換期頃に、着果してすぐに曇雨天が続くような状態で発生しやすい。また、ハウス栽培では過繁茂になりやすいことに加え、被覆資材によって光線透過率が落ちるためにとくに発生しやすい。

対策としては、樹勢を落ち着かせるせん定、施肥を行ない、過繁茂を軽減する、結果枝や列間を広くとって結果枝の日当たりをよくする、さび病などで早期落葉させないなど、基本に忠実な栽培を行なうことである。

写真6–18　生理的褐斑症（仮称）
新梢伸長期の葉裏に5㎜ほどの褐色の斑点が生じる

その他の障害

イチジクの生理障害には、このほか新梢伸長期に葉裏に5㎜程度の褐色の斑点が生じるものや（写真6–18）、結果枝先端が黄化するものなどが知られている。一見、病気のようであるが、局部的に発生し、ほかへ広がることはない点で区別がつく。根の障害などにより貯蔵養分から同化養分への転換がうまくいかなかった場合や、養水分の通りが悪い場合に発生すると考えられている。詳細は不明だが、排水不良などで土壌条件が悪いか、凍害などで樹体が損傷していることが多い。これらの問題を解決することが先決である。

（真野隆司）

7章 ハウス栽培の実際

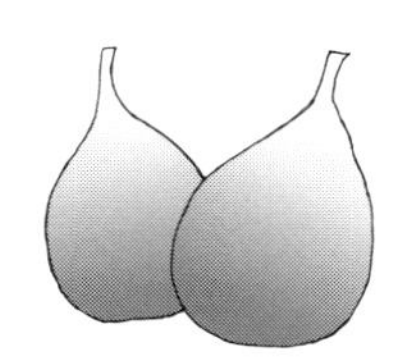

1 「桝井ドーフィン」の加温栽培（写真7-1）

イチジク生産にかかる労力は収穫・出荷に集中し、年間の作業労力の6割以上を占める。このため、家族労働力2人で栽培可能な面積は30a程度である。加温栽培の導入は収穫時期の分散につながり、栽培面積を拡大することが可能となる。出荷の少ない時期に果実を販売することで高単価が期待でき、収益性の向上がはかれる。また、加温栽培は、遅霜などの気象災害の影響を受けにくく、雨水が入りにくいため腐敗果の発生を抑制できる。

2月加温で4～7月に収穫

一般的に行なわれている作型は、12月上旬に加温を開始して4～7月が収穫期となる。引き続き8～10月にかけて露地栽培の収穫を迎えるため、もっとも作業労力が集中する収穫期間が重複せず、労働分散の効果が高い（図7-1）。この作型は、加温前の11月下旬にせん定し、加温後に発生する新梢を結果枝として利用する栽培で、結果枝の生育や収量が安定している。

なお、イチジクの休眠はごく短いとされているが、11月以前に加温を開始したり、8月後半以降に夏季せん定して発生した新梢を結果枝とする栽培は、生育適温下で管理しても、新梢の生育が停滞したり不着果節が発生しやすい。

15～30℃で管理

加温栽培では、最低温度15℃、最高温度30℃を目安に適切に温度管理する。保温性を高めるためビニルは二重被覆にする。

11月上旬から外張りを準備し、11月下旬にせん定した後、内張りして12月上旬に加温を開始する。この時期は、地温がまだ比較的高く、地上部、地下部とも加温によってスムーズに生育する。最低気温が低いと生育が遅れ、12℃を下回る状態が続くと新梢の生育が止まりやすいので、出入り口や換気扇の近くなど外気が入りやすい場所の保温性を高め、ハウス内の温度分布に注意して管理を行なう。

高温で管理すると発芽時期が早まり、展葉

写真7-1　加温栽培ハウス（内張り除去時）
加温栽培を導入することで収穫時期を分散させ、イチジクでむずかしいとされる規模拡大をはかることができる

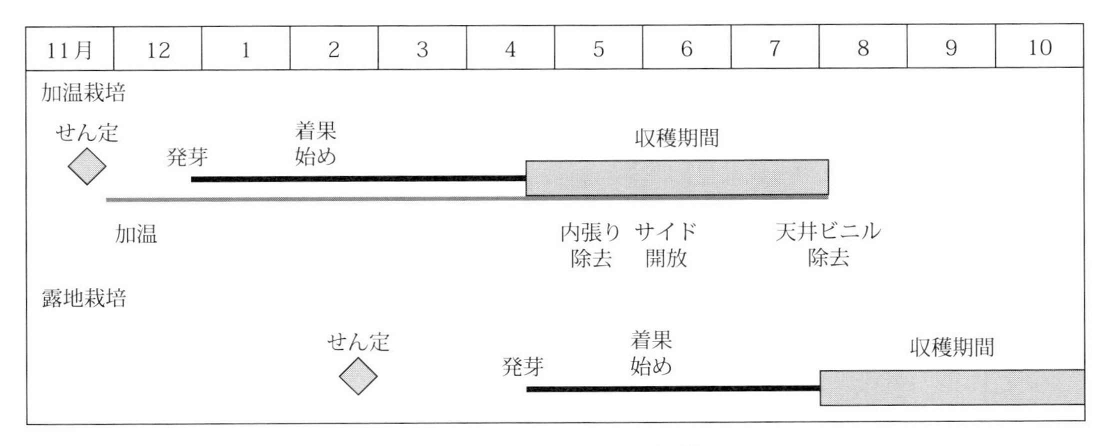

図7-1　イチジクの作型例と収穫期間

速度も速く新梢の生育が促進されるが、35℃を超えると着果しにくくなるため、発芽後の最高温度は30℃を目安に管理する。

加温初期は、地温を高めて根の活動を促し生育を良好にしたいので、敷きワラは地温が上昇する2月以降に行なう。2月中旬以降は、日射が強くなりハウス内の気温が高くなりがちで、結果枝の生育も旺盛になり葉焼けをおこしやすい。温度管理に注意し、換気扇や天窓の開閉などを利用して換気につとめる。

内張りは外気温が上昇する5月上・中旬を目安に除去する。この頃でも日によって夜温が15℃を下回ることがあるので、暖房機で加温する。温度が上昇しやすい昼間は、換気扇に加えて谷やサイドの換気を行なって温度抑制につとめ、葉焼けや果実の高温障害を防ぐ。サイドビニルは外気温の最低温度15℃を目安に開放し、以後は自然状態にする。天井ビニルは収穫終了まで張っておく。

水分不足に注意

施設栽培では降雨が遮断されるため、定期的に灌水を実施する。イチジクの葉は大きく、灌水量は天候や土壌の水分によっても変わり、一律ではないが、以下に目安を示す。

加温開始前から土壌に水がしみこむように十分に灌水する。発芽を揃えるため、加温初期は1～2日おきに10㎜程度を樹上灌水し、ハウス内の湿度は高く保つ。灌水は午前中に実施し、室温や地温を下げないようにする。

展葉期から収穫前までは1週間おきに15～20㎜程度の灌水を行なう。着果が始まると必要な水分量が増加するが、天候によっても土壌水分の状態が変わるので間隔を調節する。

収穫期の灌水は2～3日おきに10㎜を目安とする。灌水間隔が長いと土壌水分の変動が大きく、裂果しやすくなる。また、収穫直前の灌水は、果実糖度に影響するので計画的に行なう。

イチジクの新梢上には、さまざまな生育時期の果実がつねに着生しているため、灌水量は極端に増減することなく、土壌の水分状態を見ながら調節する。ハウス内は高温多湿になりやすく、露地栽培に比べて新梢が徒長することがあり、この場合には灌水をやや控える。

光線不足を補う樹形、新梢管理

樹形は、X型整枝なども導入されているが、一文字整枝が作業性にすぐれる。施設の間口が6mであれば、樹列間2mで3列の植栽が可能である。樹列は光が当たりにくい軒下を避けて配置する。また、受光を良好にするため、通路に側枝が広がりすぎないように樹形を維持する。

加温後に発芽した新梢は、おおむね片側40㎝間隔に配置するよう芽かきを行ない、必要な本数に整理する。ハウス栽培ではビニル被覆によって透過する日射量が少ないうえ、日照が少ない冬季が新梢の成長期と重なり、露地に比べて新梢が徒長したり、葉が大きくなりやすいため、新梢の間隔を十分に確保して垂直方向に誘引する。収穫期に白色の反射シートを敷設すると下位節の果実の着色が良好になる。

収穫終了後は天井ビニルを除去し、自然状態にする。収穫終了後も気温が高いため、副梢の伸長が続き病害虫の被害も受けやすい。副梢の過繁茂による光の透過量不足やさび病の発生による落葉は貯蔵養分の蓄積に影響し、翌年の下位節での不着果につながる。収穫終了から落葉期までの期間が長いため、こまめに副梢を整理する。副梢は、先端から発生した1本を残し、ほかの位置から発生したものは基部から切除する。残した副梢がさらに伸びるようであれば5節程度で再度摘心する。

むらのない施肥管理が大事

前述のようにイチジクは、1本の樹のなかにさまざまな生育段階の果実が混在するため、むらのない施肥管理が必要である。

①露地より2～3割減らす

イチジクの施肥例を(表7-1)に示した。施設栽培では降雨による肥料の流亡がなく樹勢が旺盛になりやすい傾向があるため、露地栽培よりも施肥量を2～3割少なくする。過剰な施肥は強樹勢や裂果の原因となる、いっぽう、施肥が不足すると樹の生育や着果が劣り、果実生産に悪影響を及ぼす。樹勢が強い場合には、元肥施用量を減らして、ようすを見ながら追肥で対応する。

表7-1　イチジクの施肥例
（愛知県の事例、kg /10a）

	目標収量(t/10a)	チッソ	リン酸	カリ
露地栽培	3.4	21	18	25
加温栽培	3.6	18	15	19

②肥効調節型肥料なら、さらに2割減も

イチジクは浅根であるため、必要な肥料は数回に分けて施用するか、被覆尿素などによる肥効調節型肥料を利用することで安定した肥効が得られる。肥効調節型肥料は肥料成分の溶脱が少なく、施肥量もさらに2割程度削減できる。

③十分な貯蔵養分、スムーズな養分転換を目指す

イチジクは各節ごとに着果する果樹だが、施設栽培では下位節や10節を超えた中位節で不着果となることが多く、変形果も発生しやすい(写真7-2)。

写真7-2　施設栽培で見られる不着果（右）や変形果
10節を超えた中位節で発生しやすい

初期の結果枝の生育には、前年に蓄積した貯蔵養分が利用される。貯蔵養分が少ないと下位節で不着果が発生しやすく、着果節位が上昇して収穫開始が遅れる。また、中位節での不着果や変形果の発生は、貯蔵養分から同化養分の利用に移行する過程で養分供給が不安定になることが要因の1つと考えられる。施肥管理のほか、不着果の発生には、さび病や干害による早期落葉による貯蔵養分不足、温度管理なども影響する。それぞれで適切な管理を行なうようつとめる。

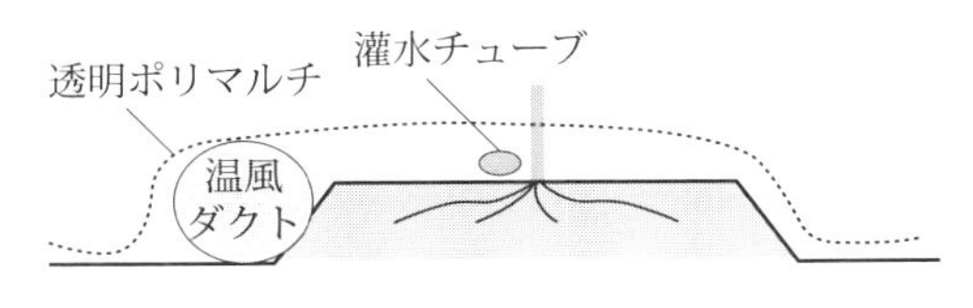

図7-2　根域加温の概要（上林原図）

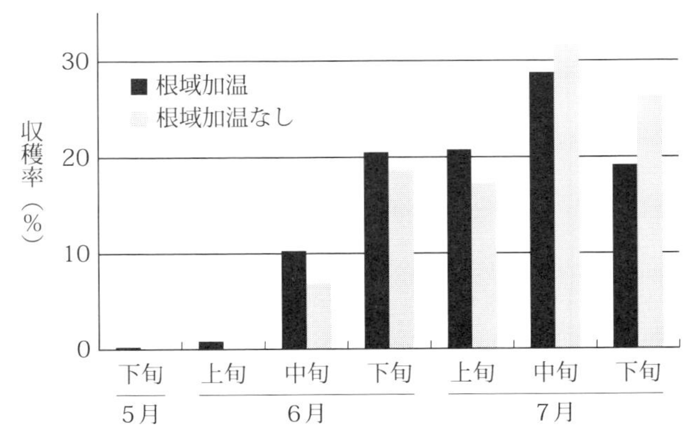

図7-3　根域加温における旬別収穫割合の推移
（上林、2008）
加温開始日12月10日、最低温度15℃に設定

さび病、ハダニ、カイガラムシ、薬害にも注意

施設栽培は降雨の影響を受けにくいため、果実腐敗の原因となる病気の発生は露地栽培と比較して少ない。いっぽうで、湿度が高いため炭そ病や灰色カビ病などが見られ、さび病は周年で発生しやすい。また、ハダニ、カイガラムシなどの害虫は発生しやすい。さらに施設内は、高温となりやすく薬害が発生しやすいので、薬剤散布のさいには注意する。

根域加温による重油の節減対策

加温栽培では、温度が不足すると収穫時期が遅れ、労力分散の効果が低下して収益性に影響する。施設の保温性を高め、効率よく保温することが重要だが、根域を被覆し、地温を室温より高く保つことで重油の消費量を減らすことができる。

具体的には、うね部分を透明ポリマルチで覆い、暖房機からのダクトをマルチ下に設置する（図7-2、以下、根域加温）。これにより暖房機からの温風が根域付近に効率よくとどき、地温を室温より高く保つことができる。室温15℃として根域加温を行なうと、地温が2～3℃高くなり、発芽や初期の展葉速度が促進されて収穫が1週間早くなった（図7-3）。

根域加温は比較的手軽に実施できる技術であるが、うねをマルチで被覆するため、マルチ下でも均一に灌水できる点滴灌水や、肥効調節型肥料を利用した追肥作業の省略など、それに適した灌水設備や施肥管理法をあわせて導入する必要がある。（鬼頭郁代）

2 「桝井ドーフィン」の無加温ハウス栽培

導入の効果

①20～25日程度の熟期促進

無加温ハウス栽培のイチジクは、7月20日頃に収穫が始まる。露地栽培より20～25日程度熟期が促進され、露地の収穫が始まるまでには4～5割程度の果実がとれるため、有利販売が可能となる。

②収量が増え、長雨、台風害を軽減

また、露地栽培では温度不足で成熟しない

結果枝の上位節果実も収穫できるため、収量も2割程度増加する。さらに8月末までに収量の70%以上の果実が収穫され、ハウスによる雨よけ効果もあって秋の長雨や台風を回避できる割合が増える。

③労力分散

年間作業の60～70%を占める収穫・出荷作業が分散し、規模拡大が可能となる。

④収益性

目安として、10aあたり約200万円の粗収益(所得率40～50%)が見込まれる。

無加温ハウス栽培の実際

①園の選定

露地栽培にも共通するが、自宅近くで温度管理や水管理に便利で、凍害を受けにくく日当たりがよいことなどに留意する。

②ハウスの構造

ハウスの構造は鋼管を用いた波状形とかまぼこ形のハウスがある。建設費は灌水施設を含め10aあたり150万～400万円くらいである。ハウスの最低部の高さは2m程度を要する。

③被覆開始は２月下旬～３月上旬

無加温ハウスの被覆開始は、2月下旬～3月上旬がよい。これより早く被覆しても、夜間の外気温が低いためイチジクに必要な生育温度(15℃以上)が得られず、発芽の不揃いや凍害発生の危険性が増す。無理な早期被覆はやめたほうがよい。

④20～30℃で管理、高温障害に注意

〈被覆開始～展葉期〉　ハウス内の乾燥防止と地温の上昇をはかるため、被覆前には除草を行ない、敷きワラも除去したうえで被覆と同時に十分に灌水する。日中のハウス内は被覆から1週間程度は20～25℃、それ以降は25～30℃とする。夜間はできるだけ保温する。

この時期、とくに気をつけたいのが高温障害である。晴天時の日中は急激に室温が上昇して35℃以上になる場合がある。発芽前に高温障害を受けると芽が枯死し、ひどいと地上部が枯死する。発芽、展葉期以降では、新梢の枯死または葉焼けなどの症状が出る。高温障害は45℃以上では数時間で発生するが、ハウス内が乾燥しているほど発生しやすいため、1日に1、2回、1回あたり2～3㎜量を樹上から芽や枝に散水する。散水は午前中か午後2時頃までには終え、換気口は夕方早めに閉じて、夜は保温につとめる。

〈展葉期～被覆の除去〉　4月上旬の展葉期以降もハウス内は25～30℃を目標に管理し、6月半ばまでは夜温もできるだけ高く保つ。ハウス内の湿度は、新梢長15～20㎝くらいまでは60%程度とし、それ以降は樹上灌水を控えて低く抑える。

その後は土壌の乾燥程度を見ながら5～7日に1回、10～20㎜程度灌水するが、ハウス栽培は新梢が徒長ぎみになりやすいので、灌水量は控えめにする。

⑤15℃以上で被覆除去

最低気温が15℃を上まわるようになったら(5月下旬)、ハウス側面のビニルを除去して外気に慣らす。天張りビニルは雨よけのため、梅雨明け時に除去する。疫病の回避に有効である。

⑥新梢は10aあたり2,500本以内に

ハウス栽培では、高温の影響で生育は徒長的になりがちであり、節間が伸び、葉も大きく光量不足となって着色不良果や飛び節がでやすい。施肥や灌水量を調節し、充実した結果枝をつくるとともに、芽かきによって結果枝間隔をより広くとり、枝の日当たりを確保するようにつとめる。結果枝本数は10aあたり多くても2,500本以内に収める。

⑦注意すべき病害虫

ハウス栽培によって高温乾燥状態となりやすく、ハダニ、カイガラムシは増える傾向になる。また、過繁茂状態では通風が悪く、不良天候時には疫病が発生しやすい。

⑧施肥は露地栽培より２～３割減らす

ハウス栽培は、徒長的な生育となりやすいため、チッソの施用は露地に比べ控えめとし、露地より2～3割減らす。石灰の施用も、露地に比べ雨による流亡が少なく、pHが高くなりやすいため、控えめとする。何年かに1回pHを測って石灰の施用の可否や量を検討するとよい。アルカリ性を好むイチジクであるが、pH7.5を超えていれば石灰を施用する必要はない。（真野隆司）

3 「蓬莱柿」の加温ハウス栽培

「蓬莱柿」は、基本的に「桝井ドーフィン」より収穫開始が遅い。無加温栽培では露地と収穫期に大差がなく、施設導入のメリットがほとんどない。施設栽培を取り組むなら加温栽培(写真7-3)を基本とする。

加温栽培で施設を新調した場合の10aあたり粗収益は250万円程度（所得率約25%）であり、露地栽培と比較して毎年安定して10aあたり2t程度の収量を確保できるメリットがある。また、露地栽培と収穫時期が重ならないため、加温と露地を組み合わせることにより経営規模を拡大できる。

被覆開始と除去時期

「桝井ドーフィン」同様に、12月下旬～1月上旬に被覆を開始する。ハウス内の保温性を高めるため、ビニルを多層被覆する。省エネのためにはサイドに気泡緩衝シート（商品名：エコポカプチなど)を張るのも有効である。

ビニル除去は、内張りは5月下旬、サイドは6月上旬に、天井は梅雨明け後か、雨よけとして利用する場合は収穫後に行なう。ただし、天井ビニルを収穫期まで残す場合は、高温障害に注意する。

ならし加温後に昼温30℃、夜温15℃で管理

ビニル被覆後は昼温25℃、夜温10℃に保ってならし加温を行なったのちに、昼温30℃、夜温15℃に上げて加温する。

5～7日おきに灌水、ただし徒長に注意

ビニル被覆直後は10aあたり30㎜程度の十分な灌水を行なう。その後は、5～7日おきに10～20㎜灌水する。ただし、新梢が徒長ぎみの場合は量を減らす。灌水は地温上昇を妨げないように午前中に行なう。収穫期に入ってからは一度に多量の灌水をすると糖度を低下させるので、注意する。

受光態勢を助ける新梢管理を

加温栽培は新梢が徒長しやすく、節間が長く、葉が大きくなる。このため、新梢が混み合うと、樹冠内の透過光量が不足して果実の着色が不良になりやすい。芽かき、新梢誘引、摘心などを数回に分けて行ない、果実の受光態勢を整える。

高温期の収穫、とり遅れに注意

加温栽培の収穫時期は6～8月と、気温が高い。このため果実の着色が進まないまま果

写真7-3 「蓬莱柿」の加温ハウス栽培（粟村原図）
「桝井ドーフィン」より収穫開始が遅れる「蓬莱柿」では無加温でなく、施設栽培は加温タイプを導入する

肉先熟型で推移する。「蓬莱柿」の場合はとくに「桝井ドーフィン」より着色しにくいので、果実を手で触ったときの硬さを指標に、とり遅れに注意する（写真7−4）。硬さの判断は経験によるところが大きいため、最初のうちは収穫した果実を試食し、勘をつかむことも大切である。

その他の管理

その他、施肥、防除などの管理は「桝井ドーフィン」に準じる。病気では「蓬莱柿」は灰色カビ病の発生がとくに多いので、施設内の換気とともに新梢管理を徹底し園内の通風をはかる。また「蓬莱柿」は新梢生育が旺盛なので、ハウス栽培では枝梢管理しやすい平棚仕立てが望ましい。（粟村光男）

写真7−4 「蓬莱柿」の加温ハウス栽培の果実
（粟村原図）

◎やってみる価値あり　ハウス栽培

イチジクのハウス栽培を行なう人は、大規模な産地を除けば意外に少ない。大きな理由として、資材や経費をかけてハウス栽培をしなくても、露地栽培でも結構もうかる、ということがある。また、確かに露地栽培より早期に出荷可能で高単価が期待できるが、無加温ハウスでは収穫期も半ば以降になると露地栽培の収穫期間と重なるため、ずっと高単価というわけにはいかない。ではさらに高単価が期待できる加温ハウス栽培はどうか、ということになると、小規模な経営の多いイチジクでは、油代をかけてまで踏み切れないというのが実情である。

しかし、果物店の人に聞くと、早い時期のイチジクを求める人が結構おり、少々仕入れが高くついても揃えておきたい品物であるとのこと。イチジクのハウスものの需要は案外多い。いっぽう、栽培側から見た場合、家族労力２名なら30aが限界といわれており、規模拡大を目指すならば、労力分散の効果が高いハウス栽培を導入してみる価値は十分にある。

また、ハウス栽培では熟期の促進とともに収穫期間を長くできるため収穫果数が増え、果実肥大も良好なので収量も増える。さらに、雨をよけることができ、品質的にも安定生産が可能である。これも大きなメリットである。いっそうのステップアップを目指す人はチャレンジしてみてはいかが？

（真野隆司）

8章 新規開園、幼木養成の勘どころ

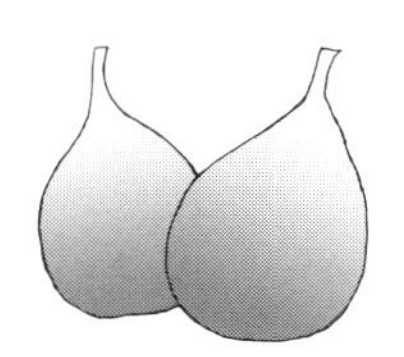

1 イチジク栽培が有利なこれだけの理由

大がかりな資材が不要で開園が簡単

イチジク（「桝井ドーフィン」）の栽培は主枝と新梢を誘引し、天井に張る防鳥ネットを支えることができる棚さえあればよく、直管パイプを組み合わせるだけで簡単な果樹棚をつくることができる。台風などへの備えは万全とはいい難いが、被害時には折れ曲がったパイプを取り替えるだけで修復可能な場合が多く、開園に大がかりな資材は不要である。

また、挿し木繁殖による苗木の生産が容易であり、苗木に要するコストがほとんどかからないことも開園を容易にしている。

3～4年で成園化しフル生産可能

イチジクの樹冠の拡大は早く、植え付け後3～4年で成園化する。ほかの果樹、ナシで7～8年、ブドウでは5～6年とされているが、それに比べると早い。定年退職後始めても、すぐに収益を上げることができるのは大きな強みである。

兵庫県有数の産地、神戸市西区岩岡町では、仲間づくりのために地域の定年退職予定者をリストアップしておき、数年前から栽培を勧誘して産地の維持をはかっている。これもイチジクの特性ゆえに可能な活動である。

少ない薬剤散布

永年性作物の果樹は毎年連作を行なっているに等しく、その果樹特有の病害虫が発生しやすい。イチジクにも問題となる病害虫はあるが、ほかに比べると少なく、薬剤の散布回数も5～6回で済む。ナシの15～20回、モモの10～12回などと比べるとその少なさがわかる。

経費率は2割程度

開園にかかる費用が少なく、苗木代、農薬代もかからないとなれば、当然かかる経費は

経費率は2割程度。逆にいえば収益率は8割

少なくなる。後述するように、大面積ができる果樹ではないので、大儲けはないが、確実に小遣い稼ぎはできる。

ちなみに、税務署はイチジク栽培の収益率を8割弱と見ているそうである。納税は国民の義務、皆さんちゃんと申告はされていると思うが、帳簿はしっかり整備しておくことが大事である。

収量は不安定だが、価格は比較的安定

イチジク果実は雨に弱く、雨が多い年には出荷できない果実が多くなる。このため、収量は不安定である。悪天候時には品薄となるが、品質は悪く、品薄でも市場単価はむしろ下がりやすい。ただし、野菜などに比べるとその差は小さく、それなりに価格は安定している。これは、季節的につねに安定した需要があるためと考えられる。長い収穫期、果実のできと市場単価に一喜一憂することも多いが、こつこつとよい品物をコンスタントに出し続けることが市場評価を高めることにつながる。

地元市場へ完熟出荷で

果物の市場出荷ではふつうロットの大きい大産地の品物が有利だが、イチジクの場合は、遠距離の大産地の品物より小口でも地元産の品物のほうが評価は高くなる。輸送距離が伸びれば伸びるほど荷いたみを考慮して早どりしなければならない。「遠距離でも高品質のものを」と考えれば、鮮度保持のためのコストもかかる。

イチジク経営のポイントは、完熟出荷でまず近辺の地元市場を押さえるのがねらい目。

夫婦2人で10aぐらいから始める

イチジクは収穫、出荷に労力全体の約70％を要し、しかもそれが収穫期には毎日続く。少人数で大面積をこなせる果樹ではない。

以前、大変熱心な方がいきなり露地で35aもの面積を夫婦2人で始めたものの、収穫最盛期には不眠不休の日々が続き、健康面から規模縮小を余儀なくされた例があった。誰と誰が働けるのか、雇用を入れるのか否かなど、労力を事前に十分検討しておこう。夫婦2人でつくるならば、無理をせず最初は10aくらいから始めたほうがよい。

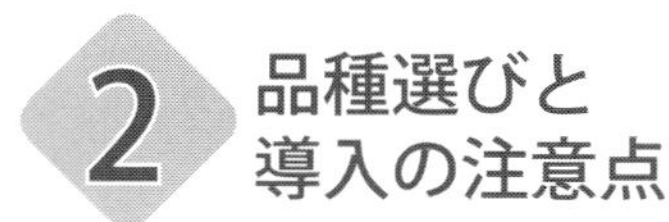

2 品種選びと導入の注意点

「桝井ドーフィン」か「蓬莱柿」か

日本における営利栽培品種は、現在のところほとんどこの2品種が占めている（写真8-1、8-2)。品質面でとくにすぐれるとはいえないものの、どちらもほかの品種より大果で豊産性、生食用果実の利用が多い日本のイチジク栽培からは外すことができない（表8-1参照)。（真野隆司）

果汁多く食味すぐれる「とよみつひめ」

平成12年に福岡県農林試豊前分場で、場内育成系統同士を交配して得られた交雑実生から選抜したもので、果汁が多くて食味がすぐれることから品種登録出願し、平成18年8月に品種登録された(写真8-3)。

①80gで糖度は18度

樹姿は、「蓬莱柿」より開張性で、「桝井ドーフィン」より直立性で、樹の大きさ、樹勢および枝梢の長さは中程度である。頂芽優勢性

写真8-1 「桝井ドーフィン」果実

表8-1 「桝井ドーフィン」か「蓬萊柿」か

	桝井ドーフィン	蓬萊柿
特徴	全生産量の７割以上を占めるわが国主力品種。つくりやすくて豊産性であるが凍害に弱い	わが国最古の栽培種。寛永年間（1624 ～ 1643年）に中国あるいは南洋から輸入された？　在来種ともいう
果実	8月上・中旬に出荷（秋果）、80 ～ 100g、3 ～ 4t/10a、果皮は赤褐色～紫褐色、果皮は強く、輸送性にすぐれる	新梢上（秋果）と、結果母枝上（夏果）に着果、秋果は8月下旬～ 11月上旬まで収穫、収量は2t/10a程度。夏果は7月下旬に収穫、秋果より果実は大きいが、収量は秋果の1/10程度。 果実は70g程度、円形で首が短く、果皮は赤紫色。果頂部は裂開しやすい。果肉は赤色で軟らかく、甘味、酸味とも多く、食味濃厚。果肉に含まれるシイナ（種子）は大きく、独特の歯ざわりがある。果肉の赤色が濃いため、ジャムなど加工品の発色も鮮やか
樹勢・樹形	中庸。強せん定でも基部節から着果して、結実良好。このため、低樹高で作業性にすぐれる樹形に整枝しやすい。主流は一文字整枝だが、主枝４本のＸ整枝や、杯状形整枝も	直立性で大樹に。頂芽優勢性が強く、枝の発生はやや少ない。葉は大きく、切れ込みは基本３裂であるが、裂片のない葉もある。若木の間は新梢生育が旺盛で、果実が着生しにくく、熟期も遅れぎみになる。このため、密植、強せん定を前提とする一文字整枝は適用しにくい。栽植間隔を十分確保して開心自然形など樹冠を拡大しやすい樹形に仕立て、若木の間は間引きせん定を主体に、強い切り返しを避ける
栽培地	九州北部～瀬戸内海東部地域、中部地方から東海、関東地方の沿海部	全国的に分布しているが、岡山、広島、香川、愛媛、福岡などで栽培が多い。九州～中四国で嗜好性が高い
病害虫	疫病、黒カビ病などが多発することがある。株枯病にも弱い。害虫は、アザミウマ被害が多発する傾向にある。凍害後の樹体にはキボシカミキリが飛来しやすい。土壌の物理性が劣る園ではセンチュウの被害も出やすい	センチュウやアザミウマには比較的強いが、そうか病や株枯病に弱い

写真8-2 「蓬萊柿」果実、右はその夏果と秋果

写真8-3 「とよみつひめ」果実

は「蓬莱柿」と「桝井ドーフィン」の中間で、結果母枝あたりの新梢発生本数は「蓬莱柿」より多く、省力的な一文字整枝に仕立てることができる。葉は5裂で切れ込み深く「桝井ドーフィン」より小さい。

夏果と秋果の両方が結実するが、秋果主体の栽培が適する。果実は卵形で、果皮は「蓬莱柿」より淡く赤紫色で果脈は明瞭である。果頂部の目は小さく成熟時の裂開も少ない。果重は80g程度、果肉は紅色、肉質ち密で果汁が多く、糖度は18程度で、食味がすぐれる。

秋果は8月中旬～10月下旬まで収穫され、10aあたり収量は2t程度である。病害抵抗性は既存品種並みであるが、果頂部の目が開きにくくアザミウマ被害は少ない。

②秋季に気温低下しにくい地域で適する

土壌条件は、既存品種同様に排水性が良好で、地下水位が低く、保水力に富んでいるほうがよい。水田転換および畑地ともうね立て栽培を基本とし、排水には十分注意する。

気温低下に伴い果実が成熟しにくくなるので、秋季の気温低下が少ない地域での導入が望ましい。一文字整枝に仕立てた場合、「桝井ドーフィン」同様に晩霜被害を受けやすいので、ワラ巻などの対策が必要である。現在は、福岡県限定で栽培されている。　（粟村光男）

労力分散のできる夏果専用種「キング」

①６月下旬～７月上旬に収穫

「キング」は、夏果だけが6月下旬～7月上旬に収穫できる夏果専用種である。

樹勢は「蓬莱柿」より弱いが「桝井ドーフィン」より強い。また、頂芽優勢も強く、「桝井ドーフィン」と比較すると枝の発生本数は少

写真8-4 「キング」果実
果皮が黄緑色で赤く着色せず、完熟すると緑色が抜けてくる

なく直立性である。そのため、主枝は「桝井ドーフィン」よりさらに裂けやすい。

②果皮色は黄緑で、40 ～ 80g程度の小玉果

「キング」の果実は「桝井ドーフィン」より小玉で40～80g程度、1結果枝あたりに10～15個程度着果し、収量は3分の1～2分の1程度となる。

果皮は黄緑色で（写真8-4)、赤く着色しないので着色不良の心配はないが、反面、収穫適期の判定にやや難がある。完熟すると緑色が抜け、過熟になると薄い褐色の斑点が浮き出てくる。果実は「桝井ドーフィン」より小さいが、糖度が高く、酸味もあって食味良好である。

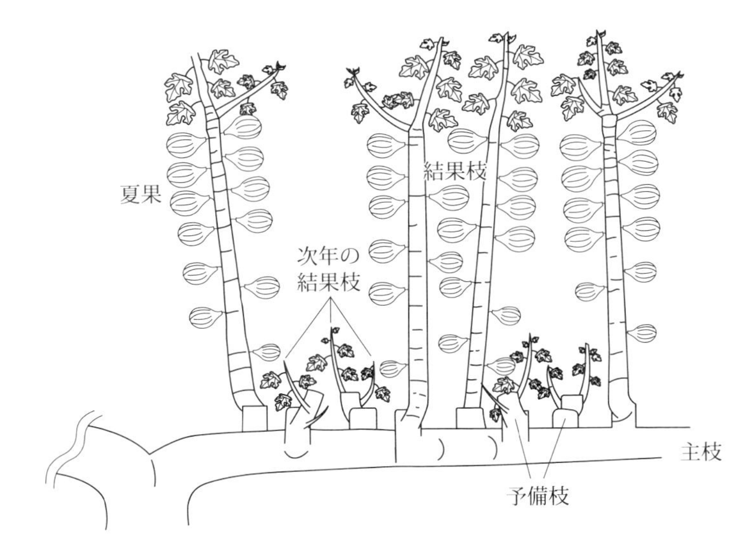

図8-1 「キング」の整枝（一文字整枝：春の模式図）
結実させる枝は無せん定とし、そのままの状態で適度に配置する

なお、「キング」は収穫期間が「桝井ドーフィン」に比べると4分の1しかなく、収穫がきわめて短期間に集中するため、大面積をこなすには不向きである。ハウス栽培を取り入れる感覚で、労力分散を目的とした無理のない導入をはかる必要がある。

害虫では、アザミウマの果実被害はほとんど認められない。センチュウには強いが、クワカミキリの加害はやや多い。ハダニ、株枯病、疫病などは「桝井ドーフィン」と同程度の被害を受けるようである。

③一文字樹形のほうが収量はとれる

樹形としては、「桝井ドーフィン」を栽培している地域は一文字を、「蓬莱柿」を栽培している地域は開心形整枝がわかりやすい。「キング」は「桝井ドーフィン」より樹勢が強いため、一文字整枝で栽培すると強せん定のため枝伸びがやや強く、果実が小玉傾向になるが、開心形整枝に比べ収量は多くとれる。もちろん作業性にもすぐれるが、結果枝の先端が収穫位置となるため、あまり枝伸びが強いと脚立が必要となる。

いっぽう、開心形整枝では1結果枝あたりの収穫果数は少なくなるものの、大果がとれる。

④結実させる枝は無せん定に

「キング」は夏果専用種独特の着果習性から、前年伸びた枝の先端付近を中心に果実が着果する。このため、休眠期に「桝井ドーフィン」のような切り返しせん定を行なうと、果実は収穫できない。結実させる枝は無せん定とし、そのままの状態で適度に配置する。「成らせる枝は切らない」ことが基本である。

⑤結果枝密度は「桝井ドーフィン」と同じ

一文字整枝の場合、新梢は「桝井ドーフィン」より密に配置し（間隔は片側約20～30㎝)、うち半数程度の枝を結果枝とする。残り半数は秋果どりの「桝井ドーフィン」同様せん定時に短く切り、次年の結果枝育成の予備枝とする(図8-1)。

予備枝から新梢を発生させるにあたっては、日照条件などがよすぎると新梢上に秋果が生育し、そのぶん次年の夏果の数は減少する。新梢を一定程度多めに発生させ、秋果を多数分化させないように配慮する。ただし、「桝井ドーフィン」同様、収穫時期に長期間曇雨天が続いたり、狭い面積に結果枝を多数配

置しすぎたりすると、糖度が低下し、腐敗果も発生する。もともと雨の多い梅雨期に熟するだけに、結果枝も予備枝も欲張って置きすぎないよう心がける。

⑥収穫後の結果枝は夏季せん定で切り戻しておく

結果枝の頂部から出た枝は、さらに伸びて地上から3m近い高さになる。この結果枝は、収穫後すぐに通常の一文字整枝の切り返し位置である新梢基部1～2芽よりやや高い位置で切り返しておく（夏季せん定）。こうすることで予備枝の充実をはかる。切り返した位置からは夏以降も若干新たに萌芽して二次伸長するが、充実は悪いため、次年度は使いにくい。休眠期のせん定でもう一度通常の位置に短く切り返す。1年休眠していた芽ではあるが、変わりなく発芽する。産地によっては収穫後すぐに全樹夏季せん定を行ない、次に発生する新梢を次年の結果枝として用いる例もある。（真野隆司）

その他の品種

①８月上旬から収穫できる「サマーレッド」

愛知県の「桝井ドーフィン」の栽培ほ場で発見された枝変わり品種。樹勢は中程度で開張性があり、一文字整枝に適している。

秋果の成熟期は８月上旬と早く、果実肥大は良好で「桝井ドーフィン」と同等かやや大きい。外観や食味は「桝井ドーフィン」と似ているが、果皮は赤褐色で明るく光沢がある。果皮の着色が果肉より先行しやすいため早どりになりがちであるが、未熟果の食味は劣る。果肉の成熟を確認して適期に収穫することを心がける。アザミウマによる食害は比較的少ない。（鬼頭郁代）

②「ホワイト・ゼノア」「ブラウン・ターキー」ほか

その他、東北地方で「在来種」と呼ばれ、多く栽培されている品種（「ブルンスウィック」と推定される）、家庭向けで品質も良好な「ブラウン・ターキー」などがある（写真8-5）。

写真8-5 「ブルンスウィック」（上）、「ホワイト・ゼノア」（右上）と「ブラウン・ターキー」（右下）

◎どうして一産地一品種？

二つ以上つくり分ける意味が、あまりない

たいていのイチジク産地では、「桝井ドーフィン」か「蓬萊柿」のどちらか一つを栽培している。両方という産地はまずない。

北の産地で、耐寒性のある「蓬萊柿」が選ばれるのはわかるが、両方とも栽培が可能な温暖な地域でも、たとえば「蓬萊柿」だけがつくられていて、「桝井ドーフィン」はないというところはふつうにある。瀬戸内海西部や山陰西部地域は昔から「蓬萊柿」のほうが市場評価は高いという。いっぽう、京阪神や中京地域では「桝井ドーフィン」のほうが市場評価は高い。今はともかく、かつてはイチジクの遠距離出荷はむずかしかった。地域の嗜好性がストレートに産地にとどき、それに応える栽培がなされる結果、品種が固定していったということが考えられる。

筆者が住む兵庫県でも、ようやく最近、まれにではあるが店頭で「蓬萊柿」や「とよみつひめ」を見かけるようになった。しかし「蓬萊柿」は広島産、「とよみつひめ」はもちろん福岡産である。消費者にとって選択肢の増える品種の多様化は喜ばしいことだが、じつは生産者にとって異品種を同時につくりこなすメリットはあまりない。ほかの果樹では早生から中生、晩生品種へと収穫時期の違いによる労力分散が可能である。しかしイチジクはほとんどの品種が８～10月頃の長期の収穫となるため、労力分散ができない。

さらに、品種によって果実の着色や大きさがまったく違うため、各品種独自の選果基準を設けたうえで、ほぼ毎日選果しなければならない。同じ労力がかかるのであれば、各地域で収益性の高い品種に集約されていくのが自然である。

品種を売り分ける努力もこれからは必要

ただ、イチジクは近年各地で増えてきた直売所での人気も高い。収量は少ないが嗜好の多様化に合わせ、そのような場所向けに個人でいろいろな品種にチャレンジしてみるのもまた一つの考え方ではある。

たとえば、この本で取り上げた「キング」であるが、何もしないでただ店頭に並べているだけなら、「色のない小さなイチジク」としか評価されない。サンプルとして食べてもらってはじめて、着色しなくともおいしいイチジクがあると認知してもらえる。また、パッケージにも工夫が必要である。「桝井ドーフィン」以外の品種は果実が小さく、「桝井ドーフィン」用の500gパックでは極端に見劣りがする。多くても300g、場合によっては100g程度に抑え、高級感を出して販売したい。

新しい品種に取り組み、ものにしようとするなら、試食を取り入れ、その品種のもつ高級感を演出し、消費者にファンになってもらうことが大事である。佐賀県唐津市の富田秀俊さんたちは、甘く、濃厚な味の「ビオレ・ソリエス」（写真８-A）の品質に惚れ込み、栽培方法を研究するとともに、販売にも努力を重ね、今では地域ブランドとしての確固たる地位を確立されている。

その品種がどうすれば売れるのか、置かれた立場や産地の状況は各自さまざまだが、つねに考えておきたいことである。

（真野隆司）

写真８-A　濃厚な味わいが特徴の「ビオレ・ソリエス」

おもな品種の特性を巻末の表に示したので、参照してほしい。これと見込んだ品種を手がけてみるのも面白い。アイデア次第ではものになるかもしれない多くの素材がイチジクの品種にはある。

3 ほ場選びのポイント

イチジクは手軽に始められるとはいえ、やはり永年性作物である。いったん植えれば10年以上は栽培できるよう、ほ場選びにあたっては以下の点に注意する。

家の近くで南北畑がよい（図8-2）

イチジクのほ場は、薬剤散布などの各種作業の効率性、収穫果実の運搬、選果に便利なように、家からなるべく近くを選ぶ。とくに収穫は毎日ともなると距離による時間と荷いたみのロスは相当大きくなる。

また、重要なのはやはり日当たりで、山や建造物の陰になるような場所は避け、できれば南北に長いほ場のほうが、列間によく光が入るため適している。凍害を受けやすいほ場も避ける。

排水良好を一番の優先順位に

イチジクは排水不良に弱く、排水の良否がイチジクの生育をもっとも大きく左右する。速やかに水が排出できる、排水良好なほ場を選ぶ。

写真8-6　水田へのパイプラインを利用した水利施設

あわせて水利もきっちり確保

いっぽうで、イチジクは水分要求量が多く、4～10月まで灌水が必要不可欠である。灌水できないほ場では栽培できない。水田用のパイプラインが通っているほ場ではそれを利用すればよいが（写真8-6）、なければ自家用の井戸を掘ってでも水を確保しなければならない。

連作は避け、新規開園で

イチジクには、いや地現象があり（写真8-7）、連作するとセンチュウ害や紋羽病、株枯病などの土壌病害虫におかされやすい。できれば新規開園のほうが望ましい。とくに、株枯病の発生園は場所を変えたほうがよい。

連作する場合は、土壌消毒や作土の入れ替えなどの対策を講じる。株枯病にも登録農薬はあるが、なかなか根治しづらいのが実情である。また果樹園跡では、前作の残根や粗大有機物が発生源となって白紋羽病が出る場合があるので、植栽位置には注意する。以前、山すその山林

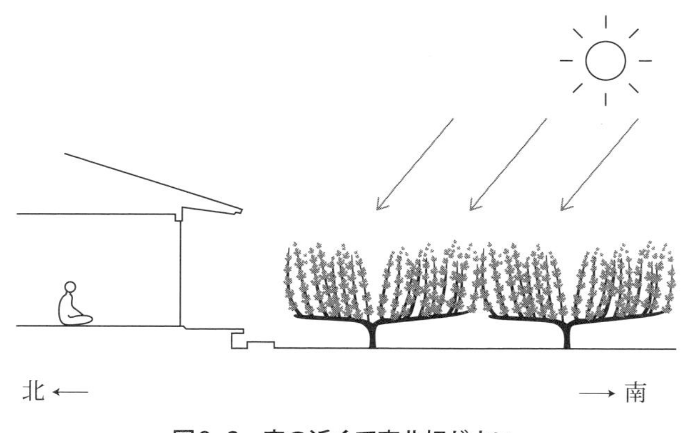

図8-2　家の近くで南北畑がよい

写真8-7　いや地現象が顕著に現われたほ場

を開いたイチジク園で、アカマツの切り株が残った場所に白紋羽病が発生したことがあった。

排水の悪いほ場の場合、疫病や果実腐敗病も出やすい。このほか野菜栽培の跡地（とくにトマト、サツマイモなど）ではネコブセンチュウの密度が高くなっているため植栽は避ける。

4 開園の実際

ほ場の準備（水田転換園を例に）

①まず土壌改良、できれば耕盤も抜いておく

植え付けたあとの土壌改良は困難なので、必ず植え付ける前の、11～12月に土壌改良と排水対策を実施しておく。

土壌改良としては、10aあたり3～10tの完熟堆肥と苦土石灰200～300kg、熔リン100kgをすき込む。この際、鶏糞などのチッソ肥料は入れない。水田転換園の場合、乾土効果で開園時に地力チッソがかなり発現する。開園して数年間は徒長ぎみの生育をすることが多く、チッソ肥料はほとんど不要である。

また水田に戻す予定がなければ、バックホーで60㎝程度まで全面耕起し、すき床を破っておく。ただし、下層土は強酸性（pH4.1～4.3）となっているため、反転はしない。

②排水対策――排水溝、明きょ・暗きょ、うね高さまで総動員して

次いで排水対策だが、まず、園内の水が速やかに園外に抜けることが基本。園の外周にそのような排水路が確保できるか、園の排水口より低い位置（20㎝以下）にちゃんと排水路があるか、確認する。水田転換園の排水口は、稲作用のままではイチジクには浅すぎる。うねの谷や排水溝、明きょの深さに合わせて排水口をつくり直す必要がある。

また、周囲が水田で囲まれていると、伏流水によって地下水位が上がる。水の浸入を遮断する明きょ（承水溝）を園の外縁部に掘っておく（写真8-8）。さらにはうねの谷も排水路として使用する。粘土質のほ場で、排水不良となりやすい地域ではとくにうねを高くしておく（少なくとも30㎝以上）。

水田にふたたび戻すことも考えているならこれらの高うね、明きょのみで対応するが、そうでなければできるだけ暗きょを設置する（写真8-9）。

暗きょの溝は、各うねの直下にトレン

写真8-8　園の外縁部に掘られた明きょ

写真8-9　暗きょ、明きょを整備したイチジク園

チャーなどでまっすぐに、勾配をもたせて掘り、そのまま園外に水を抜いてしまうように設置する。深さは排水路の水位にもよるが、うねの高さから60～80cm程度ほしい。排水溝の底には、砕石を敷き詰め、その上に排水管を並べる。排水管に使用する資材は、直径5～10cm程度のコルゲート管や塩ビ・ポリ有孔管が耐久性にすぐれる。排水管の周囲には目詰まりしないようにさらに砕石や荒砂を敷き詰め、土壌改良資材を入れた真砂土などで埋め戻す。

湛水することを前提にすき床層を突き固めている水田は排水が悪く、基本的に果樹栽培に向かない。しかし、そのほとんどが水田転換園に植えられ、しかももっとも湿害に弱いイチジクは、十分な排水対策を取らなければ、栽培することはできない。畑地においても考え方は同じである。

③図面を書いて栽植間隔を決める

開園するにあたっては、栽培予定のほ場をなるべく正確に測量して平面図を作成する。目分量のうね立てや植栽では間隔が狭すぎたり位置がずれたり、あとで困ることが多い。作成時には植栽位置とともに、暗きょ、明きょなどの排水設備、灌水施設のパイプライン位置も入れた図面を書く。

「桝井ドーフィン」一文字整枝の場合、列間は2～2.5mとする。列間が2mぎりぎりとなり、もう1列増やすかどうか悩ましいときは日当たりを重視し、それほど枝が伸びないと予想される連作地以外は無理をして増やさない。株間は、超密植（後述、113ページ）を行なう場合は条件によって0.8～2.0mとするが、通常は4.0～5.0mとする。

うねの高さは30cm以上、うねの谷間の通路幅は収穫時に一輪車や作業台車が余裕をもって通行できる幅を確保する。また、うねの長さが30m以上になる場合は、作業効率を考え、途中で横断できる通路を設ける。通路幅は1.2～1.5mとする。

風当たりの強い園では、防風ネット（98ページの写真8-12）を設置する。台風や生育期間中の葉ずれによる傷果を軽減することができる。

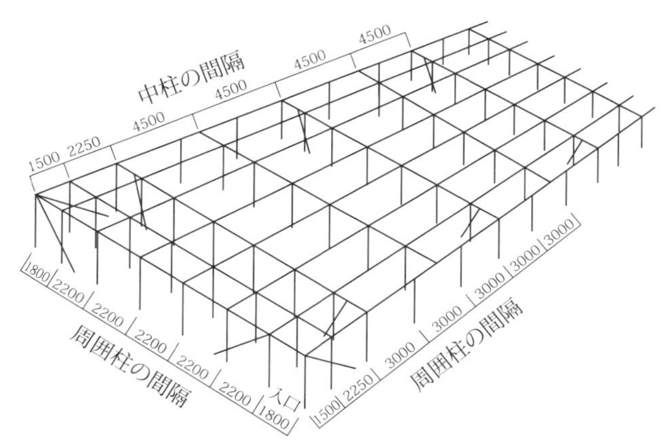

図8-3　露地イチジク園の設計例（主要な柱、筋交い、桁のみ表示）（外川原図）

パイプで棚を組む（「桝井ドーフィン」の一文字仕立ての場合）

図面が完成したら設計に従って棚を組む。図8-3の例ではφ22㎜の直管パイプをつなぎ、直交固定金具で柱を固定しながら組み立てているが、さらに強度が必要な場合には、パイプを太くするか、本数を増やして対応する。

写真8-10　2段に取り付けた誘引線のパイプ（矢印）

誘引線の取り付け

中柱には、幅60㎝程度の誘引線を固定するためのパイプを取り付ける。取り付けの高さは栽培者の身長に合わせ、地上高1.2～1.5m前後に1本張るか、中段の0.8m前後にもう1本張って上下2段とする。上下2段のほうが結果枝はしっかり固定される（写真8-10）。

誘引線はポリエステル樹脂線（エクセル線）やビニル被覆線を使用する。

防鳥網、防風網を張る

棚の上面には防鳥網（目合い30㎜以下）を、周囲には防風を兼ねて目合い4㎜のやや細かいネットを張る。ただし、この方式では台風時に棚が破損する危険性があるので、ネットを外せるよう備えておく。

風当たりの強い園では別に防風林をつくるか、防風ネット専用の棚を張る必要がある。

（真野隆司）

「蓬莱柿」の開園

①はじめから永久樹のみ植栽する

「蓬莱柿」の株間は7m×7m（10aあたり20本植え）～10m×10m（10aあたり10本植え）とする。開園当初に2倍植えにすると、初期収量が多くなるが、「蓬莱柿」は生育旺盛で樹冠拡大が早く、間伐樹は強せん定になり、熟期が遅れたり品質が不良になる。さらに、間伐が遅れると永久樹の樹冠拡大に影響するので、当初から永久樹のみの栽植としたほうが樹形を維持しやすい。

②有効土層40～50㎝のうね立て栽培で

畑地および水田転換園とも、うね立て栽培

写真8-11　うね立て栽培を基本とし、排水には十分注意する
有効土層は40～50cm

を基本とし、排水には十分注意する（写真8−11）。とくに水田転換園では心土を破砕し、有効土層40～50㎝のうね立て栽培とする。うね幅は樹冠幅、高さは20～30㎝程度とし、地表水が速やかに園外に排水されるようにする。前述のとおり、排水不良な水田転換園では暗きょ排水を行なうとともに、園地を集団化し広域の排水対策を講じる。

③植え穴には堆肥4kg投入

苗木の活着と根群の発達を促し、樹の生育を良好にするため、有機物、石灰、熔リンなどを投入して土壌の理化学性を向上させる。植え穴には1穴あたり堆肥を4kg以上入れ、土とよく混和する。

④灌水施設の用意

「桝井ドーフィン」の項でも述べたが、イチジク栽培では灌水が不可欠。必要量を灌水できる水源の確保が欠かせない。

平坦地ではうね間灌水またはパイプ灌水、傾斜地はパイプ灌水とする。マルチを行なう場合は、あらかじめ灌水パイプやチューブをマルチ下に敷設しておく。灌水量は、梅雨明けから収穫期間にかけては、2～3日おきに10aあたり10㎜程度必要である（47ページ参照）。

⑤平棚の架設

棚の構造はブドウやナシ棚に準じ、高さ1.8m、周囲柱間隔は2.5～4.0mを基本に、園地条件や作業性を考慮して決定する。小張線は最低50㎝間隔とするが、間隔が狭いほど枝を誘引しやすい。

棚は整枝せん定の都合上、開園当初からの架設が望ましい。植え付け後に架設する場合は、必ず植え付け1年後までに設置する。

これも前述したが、イチジクは風に非常に弱いので、開園時に防風林や防風ネットなどを組み合わせ、十分な防風対策を講じる（写真8−12）。

（粟村光男）

写真8−12　イチジクは風に弱いので開園時には防風ネットなどの設置を万全に（姫野原図）

5 苗木づくりの実際

イチジクの繁殖法には挿し木、接ぎ木、取り木などがあるが、通常は挿し木によって苗木を育成する。挿し木は活着率が良好で、きわめて容易である。

挿し木による育苗

①挿し穂の採取と貯蔵

挿し穂を採取する枝は、過去に株枯病や萎縮病などの発生歴のない園で、充実した1年生枝からとる。挿し穂は束ねて、排水がよく温度変化の少ない日陰の土中に貯蔵するか（図8−4）、ビニル袋などに包み、0～5℃程度で冷蔵する。冷蔵の際は、過湿によるカビや乾燥による枯死を防止するため、少し湿らせた新聞紙で枝を直接包むなどして包装内部を適湿に保つ。挿し穂の採取は、2月以降、3月上旬までに行なうと貯蔵が長期間にならず、ロスも少ない。

②挿し木時期と挿し穂の調製

挿し木は、暖地では2月下旬～3月上旬、寒地では凍害にあう危険性があるので、遅らせて3月中・下旬～4月上旬に行なう。暖地でも、内陸部など温度差の大きい地域では遅めにするほうが凍害に対して安全である。

挿し穂は先端4分の1～3分の1を除き、よく充実した部分を20cm程度切り取って使う（2、3節分）。上部は芽が乾燥しないよう節間で、下部は根が出やすい節の直下で切り、挿しやすいように両サイドを少し削る（写真8-13）。土中に挿し込む部位の芽は、ひこばえにならないよう削り落とす。

③挿し床の条件

挿し木は、ある程度肥沃で排水がよく、水もやれる畑を選ぶ。イチジクの跡地は、いや地やセンチュウの被害がでやすいので避ける。とくにイチジクはセンチュウに弱い。前作がサツマイモやトマトなどセンチュウが寄生する作物を作付けた畑も避ける。また、粗大有機物の多い畑は白紋羽病に注意する。

④挿し木の方法

畑を耕起後、幅1m、高さ20cm程度のうねを立て、挿し木床とする。やせ地のほ場では、あらかじめ完熟堆肥をすき込んでおく。

挿し穂は約30cm間隔で2条または3条に挿していくが、挿し方は、芽を上に向け、先端の芽が地際から少しだけ出るように斜め挿しにする（図8-5）。また、乾燥防止のため挿し穂の最上部の切り口には木工用ボンドを塗布する。挿し穂が短い場合や乾燥地では直角に近い挿し方とする。寒地では挿し穂全体を地下部に埋めてもよい。発芽はやや遅れるが、凍害による枯死は軽減できる。

挿し木後は挿したまわりを軽く踏み固めておく。挿し木床に黒のポリマルチをして乾燥

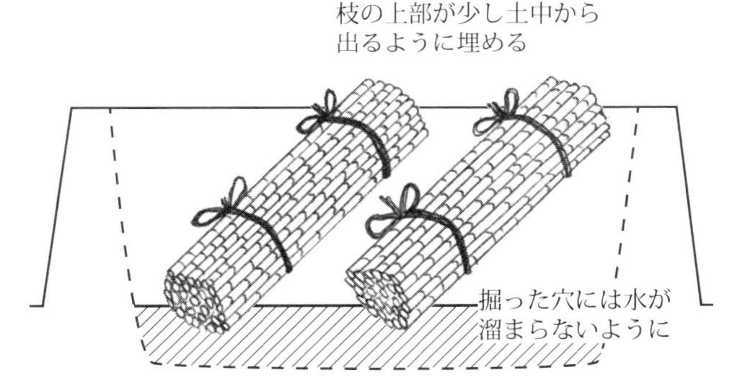

図8-4　挿し穂の貯蔵方法

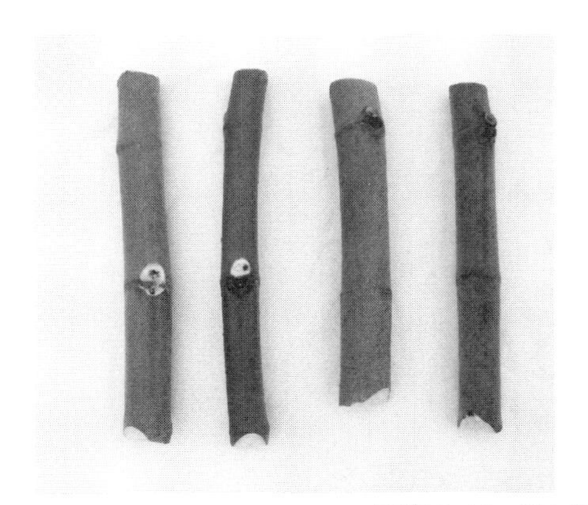

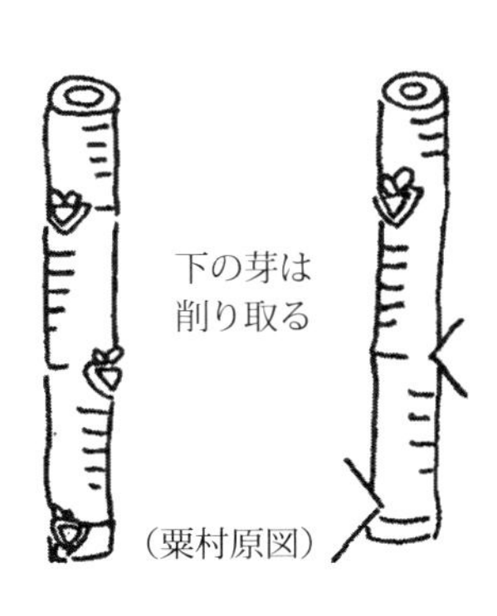

写真8-13　挿し穂の調整
挿し口のほうの両サイドを削り、土中に隠れる芽はひこばえにならないよう削り取る

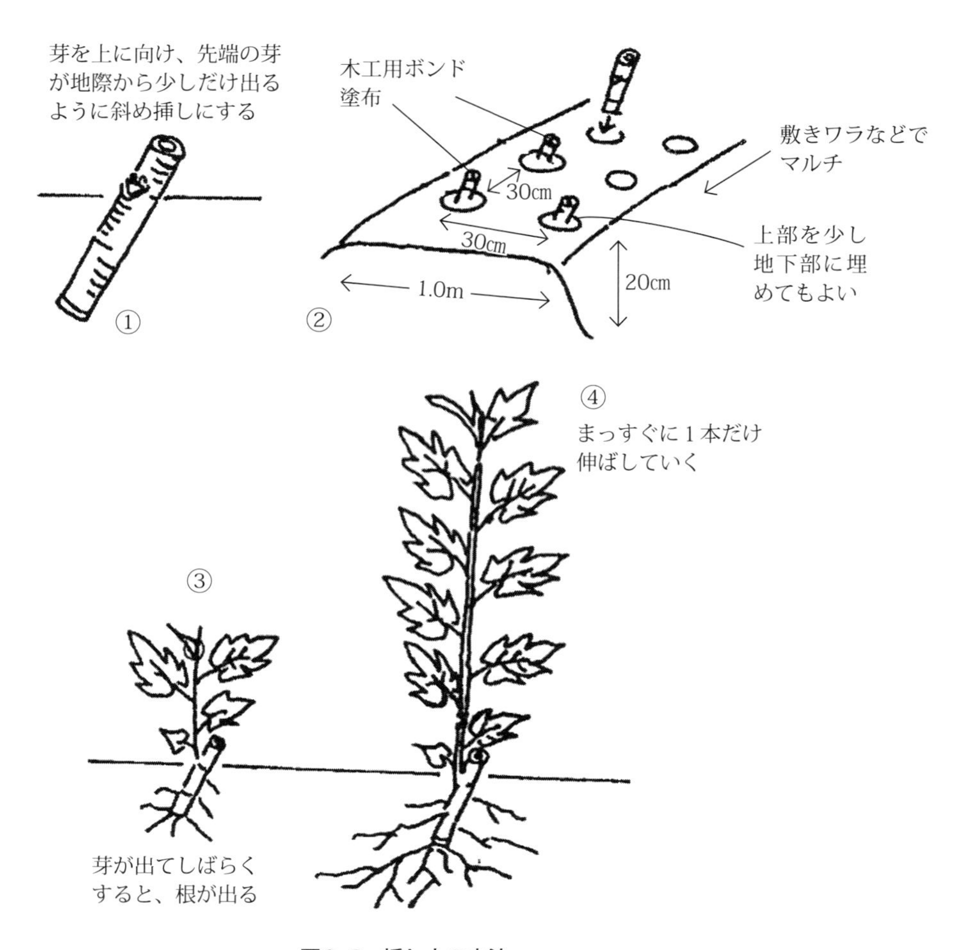

図8-5　挿し木の方法

と雑草の発生を防ぐのもよい。

⑤挿し木後の管理

発芽、展葉直後は乾燥にとくに弱いので、挿し木後は敷きワラや灌水をして土壌の乾燥を防ぐ。また、冷え込みが予想されるときは、地上に出ている部位にワラをかぶせるなどして防寒する。

発芽後は芽かきして1本の新梢を残し、まっすぐ伸ばす。新梢のわき芽から発生する副梢は、過繁茂となるため除去するが、基部から除くと翌年の芽がなくなるので、1節残して除去する。また、6月に入っても、新梢が10cm程度にしか伸びていない場合は、化成肥料を10aあたりチッソ成分で2kg程度追肥するが、遅伸びさせると充実が悪く、凍害に弱くなる。

最終的には長さ1m以上、基部の直径が2cm以上で副梢の発生が少ない、充実した苗を目標にする。苗は翌年の3月上旬に掘り取り、定植する。養成期間は1年が基本である。

（真野隆司）

接ぎ木による育苗

①株枯病、いや地対策に接ぎ木

接ぎ木はあまり行なわれないが、近年問題となっている株枯病に対する抵抗性品種を台木として使用したい場合や、樹勢の強化策（いや地対策）として、「桝井ドーフィン」の台木に「ジディー」や「蓬莱柿」など、樹勢の強い品種を使用している例がある。

②接ぎ木の手順

まずは、台木の切り枝を挿し木して台木苗

を増やす。切り枝には、一般にその年の休眠枝を使うが、先に述べた台木用の品種は発根しにくいことも多いので、枝の先端部分は避け、また、あまり長期間保存したものは使わないようにする。

次いで、こうして養成した台木に、「桝井ドーフィン」や「蓬莱柿」など、果実を収穫しようとする品種の穂木（1年生枝）を接ぐ。このとき、直径1㎝前後の充実した穂木を使うと、その後の発芽が順調に進む。接ぎ木位置は、株枯病抵抗性台木の場合、穂木への菌の感染を避けるため、台木部をやや長め（25～30㎝）になるように決める。

写真8-14　緑枝接ぎによる接ぎ木（細見原図）

接ぎ木法は、2～3芽に調製した接ぎ穂を台木枝の先端に「切り接ぎ」するとか、1芽に調製した接ぎ穂を台木枝の側面に「腹接ぎ」するなど、さまざまな方法が可能だが、いずれも台木の樹皮と接ぎ穂の底部を合わせた部分をしっかり密着させるのがコツで、この部分には十分にテーピングを行なう。しっかりした苗にするには、接ぎ木後、1年養成するが、接ぎ木を終えたばかりの苗を掘り上げて、本圃に定植することもできる。先に台木を掘り上げ、これに接ぎ木を行なってから定植する順序でも構わない。

③急ぐ場合は緑枝接ぎで

育苗を急ぐ場合には、台木の挿し木から伸びている途中の新梢に接ぎ木する方法もある。「緑枝接ぎ」というやり方である。緑枝接ぎは梅雨から夏までに行なうが、この時期に台木の新梢が十分に伸びている必要がある。接ぎ木方法は、先に述べた休眠枝接ぎと同じでよく、活着率も遜色ない（写真8-14）。この方法を使えば、事前に台木を養成する方法に比べてやや苗が貧弱なものの、接ぎ木苗を1年で養成することができる。（細見彰洋）

イチジク萎縮病に注意

苗木を養成するさいには、萎縮病に注意が必要である。萎縮病はイチジクモンサビダニが媒介するイチジクモザイクウイルスによっておこると考えられている。罹患樹には同ウイルスが枝全体に潜んでいる。挿し木として利用する場合は、前年にモザイク症状などの見られた枝を用いないことである。穂木として利用する場合には、発芽・展葉期から梅雨期にかけて症状のないことを確認しておく。

（松浦克彦）

6　定植の実際

根を大事に、浅めに定植

植え穴（直径50㎝、深さ30㎝程度）を準備し、植え付けは3月中旬までに完了する。

植え付けにあたっては、根を大切に扱い、乾燥しないように注意する。傷ついた根は健全な部分まで切り返す。植え穴では根が重な

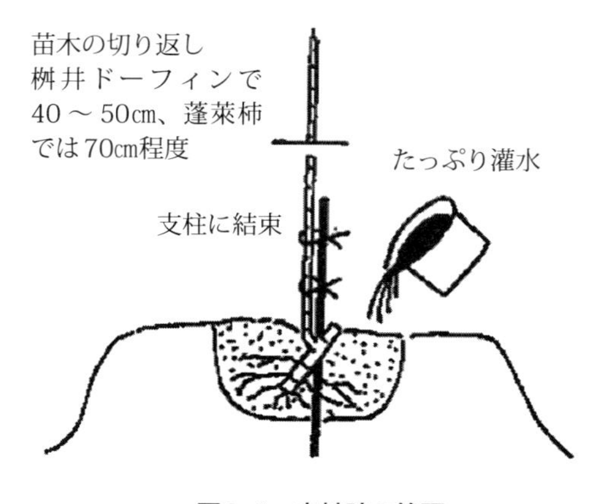

図8-6　定植時の管理

らないよう、四方に広げ、先端を下に向けて植える。根と土をよくなじませるため踏み固めながら覆土する。植える深さは、発根が確認できる位置をおよその地際の基準とし、必要以上に深植えしない。植え付け後は十分に灌水し、丈夫な支柱を立て誘引する(図8-6)。

植え付け後、苗木は「桝井ドーフィン」の一文字整枝およびX字形整枝の場合は40～50cmで、「蓬萊柿」の場合は、開心自然形および平棚仕立てともに70cm程度で切り返す。切り返しは、芽の直上で行なうと切り口が乾燥して頂芽の伸びが悪いので節間で切り、切り口にはただちに癒合剤を塗布する。（粟村光男）

本圃直挿し法による開園

①多くの苗木を直接本圃で養成

イチジクの栽培は、通常より多数の苗木が必要である。10aあたりの栽植本数は、慣行の一文字整枝でも約125本必要で、他の樹種と比較してかなり多い。あとで述べる超密植をした場合はさらにこの2～5倍の250～625本程度を要する。

イチジクは、挿し木による自家増殖が比較的容易かつ安価であるとはいえ、育苗場所の確保や育苗および植え付け労力は多大なものとなる。しかし、本圃に挿し穂を直挿しして株を育成すればこれらの問題はクリアできる。また、計画立案後ただちに開園することもできる。

②直挿し木樹のほうが生育は早く、収量も多い

直挿し木樹は、根の植えいたみがないため、苗木定植樹より生育良好となる（表8-2、写

表8-2　「桝井ドーフィン」苗木の養成方法が生育に及ぼす影響(2008)

試験区	幹径(mm)	新梢長[2] (cm)	節数	副梢数(本/樹)	枝径[3] (mm)
直挿し木	48.3	181.8	39.0	6.9	35.1
苗木定植	31.3	81.8	25.8	0.1	20.5
有意性[1]	＊＊	＊＊	＊＊	＊＊	＊＊

注　1)有意性：＊＊；1%水準で有意(t検定)
　　2)新梢長：発芽後に芽かきを行なって2本/樹に調整
　　3)枝径：新梢基部の直径を測定

表8-3　「桝井ドーフィン」苗木の養成方法が果実の収穫と品質に及ぼす影響（2008)

試験区	収穫始(月/日)	着果開始節位	収穫果数(個/樹)	収量(g/樹)	果実重(g)	裂開長(mm)	裂開幅(mm)	果皮色[1]	糖度(Brix)
直挿し木	8/31	4.5	34.8	2,986	86.1	11.7	6.1	7.1	15.2
苗木定植	9/17	5.5	16.5	982	60.7	4.2	1.9	7.8	15.7
有意性[2]	＊＊	N.S.	＊＊	＊＊	＊＊	＊＊	＊＊	＊	N.S.

注　1)　果皮色は中川ら(1982)が作成した果実カラーチャート値
　　2)　有意性：N.S.；有意差なし、＊；5%水準で有意、＊＊；1%水準で有意(t検定)

写真8-15　直挿し木樹（左）と苗木定植樹（右）
生育の差はご覧のとおり、直挿しのほうが勝り、収量も多くなる。地表面には防草シート

真8-15)。果実の収穫開始は、苗木定植樹より直挿し木樹のほうが約半月早くなる。収穫果数は2倍程度になり、1樹あたりの収量も多い。果実の大きさも、直挿し木樹のほうが大きくなる。果実の割れは直挿し木樹のほうが大きく、果実の着色は苗木定植区のほうがややよいが、糖度に差はない(表8-3)。

③挿し木後の乾燥に要注意

留意点として、挿し木の活着を良好にするためにドリップ、チューブなどで少量でもこまめに灌水を行なうことである。イチジクの挿し木は、活着容易ではあるが、発根より発芽のほうが早く、発芽直後に土壌を乾燥させると生育が悪くなる。また、活着しなかったときのため、予備苗の準備もある程度必要である。挿し木後は、透水性の防草シートなどで雑草管理を行なうと省力的である（写真8-15)。

7 定植初年目の管理

苗木はしっかり切り返す

植え付けた苗木、もしくは直接挿し木で1年間養成してきた苗木は、40 ～ 50㎝で切り主幹とする(102ページ図8-6)。

苗木の切り返しは、せっかく見事に育った苗だからと、ついつい甘くなりがちである。目標より異様に主枝位置が高くなってしまったり、無理に引き下げて主幹より主枝位置が低く波打ってしまったりと、ずっと変な樹形が残ってしまう。思い切って切ることが重要である。　　　　　　　　　　　（真野隆司）

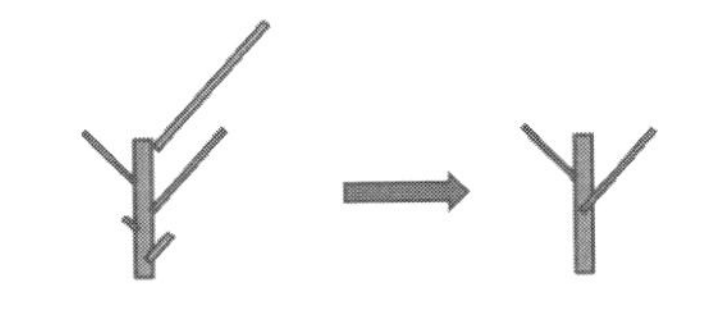

先端部の強すぎる新梢はバランスが悪いので使わない

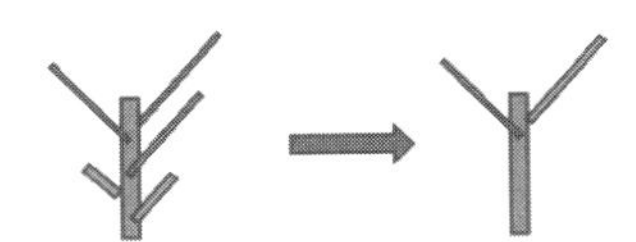

先端部に比較的揃った新梢が2本あれば、それを使う

図8-7　芽かきの方法

写真8-16　芽かき後の苗木

芽かきで主枝候補を揃える

イチジクの発芽期は、リンゴやナシなどよりやや遅いが（4月下旬)、苗木の各節から発芽、展葉する。発芽した新梢の葉が3、4枚程度になれば芽かきを行ない、主枝に必要な数に減らす(図8-7、写真8-16)。ただし、1

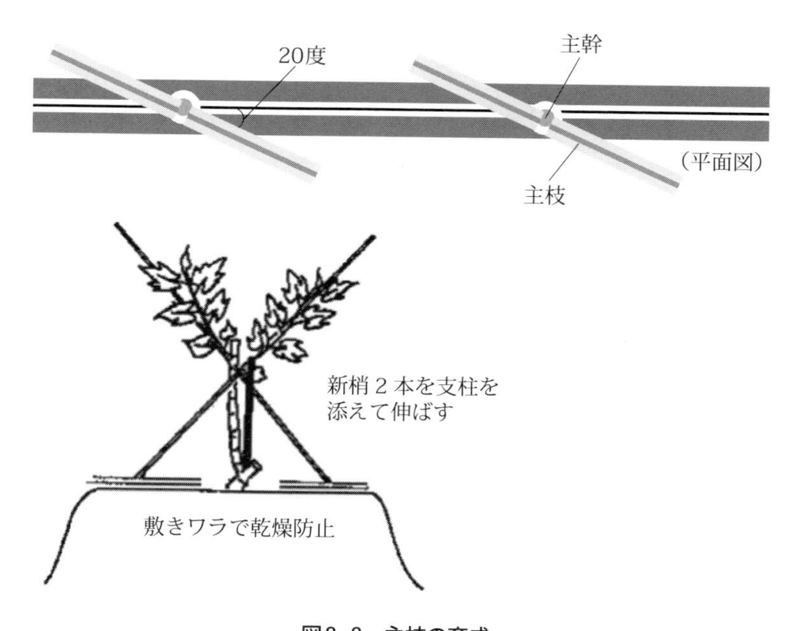

図8-8　主枝の育成
水平に対し45度程度に支柱を立てて誘引する。うね方向に対し20度程度斜めに伸ばす

本は予備に残しておき、一文字整枝の場合、枝の誘引ができた頃に最終的に方向と揃いのよい2本に絞る。残す芽は主枝の位置よりやや低い、高さ20～30cmにある芽を残す。新梢は主幹に対して発生角度の広いものを選ぶ。

イチジクは枝がもろく、主枝を倒して水平に誘引するさいに主枝の基部が裂けやすい。そのため、主枝候補の新梢は1節以上あけて残す。

主枝の育成

①30cmほど伸びたら水平に対し45度方向に誘引

新梢（主枝候補枝）が30cm程度に伸びてくると下垂し、風で基部から折れてしまうことがある。そこで水平に対し45度程度に支柱を立てて誘引する。そのさい、基部を15cmほどいったん横に引っ張ってから45度方向に誘引すると、翌年の主枝誘引時に裂けにくい。

②うねに対し20度方向に誘引

一文字整枝の場合、うねと同じ方向に候補枝は誘引せず、少し斜め方向（うね方向に対し20度程度）に誘引する（図8-8）。候補枝が誘引できれば、予備の新梢は基部から切り落とす。

なお、候補枝を支柱に誘引するさいは、ひもを主枝にきつく巻き付けないようにする。新梢と支柱を八の字形で止めると、新梢が太くなってきたときに、ひもが食い込みにくい。

③ひこばえ、副梢、主幹頂部の処理

株元から出てくるひこばえや新梢の背面から出た副梢は基部からかきとる。それ以外の部位から発生した副梢は、基部の3葉程度を残して摘心する。次年度、結果枝が発生するべき位置の副梢を基部からかきとると、翌年そこから芽が出なくなるので注意する。

主枝が出ているところより上の主幹部は枯れこんでくるので、6月の梅雨入り以降に切除しておく（ほぞ落とし）。切り口の乾燥防止と保護のために癒合剤を塗る。なお、主枝の発生基部ぎりぎりまで切り込むと新梢にダメージを与えることもあるので注意する。

土壌管理・施肥

水田転換園の場合、水田のチッソ成分が残っているため、2～3年は無肥料でも十分に生育する。ただ、砂質土壌の場合は、チッソ成分が比較的少ないので、植え付け1年目から樹勢に応じて施肥する。すなわち、植え付け後、葉が2、3枚程度になったときに、葉色がやや淡いようなら、株のまわりに化成肥料を20g程度施用する。散布の範囲は株から約30㎝程度離れたところをリング状に散布する。また、新梢が伸び出してきたら6～7月に同様に追肥する。

根の張りの弱い幼木期のイチジクは乾燥にとくに弱く、水不足では生育が抑制される。乾燥防止のため稲ワラで株の周辺をマルチする。このさい、地際付近は少しあけて、過湿にならないようにする。灌水は、晴天が続いたら早めかつこまめに行ない、土壌の乾湿差を少なく保つ。春からでも晴天が続けば、土壌の乾燥程度を見ながら適宜灌水する。梅雨明け以降はさらに高温・乾燥がきびしくなるので、晴天が2、3日続いたら灌水するようにする。

病害虫防除

病害では、雨の多いときに多発する疫病とさび病に注意する。

害虫ではクワカミキリに注意する。新梢の基部付近に産卵し、ふ化した幼虫が枝の太いほうへ進みながら食害していく。かなり大型のカミキリムシで、苗木に食入されたときのダメージが大きい。

また、とくに少雨のときはハダニ類に注意する。気温の上昇する梅雨明け以降急速に増える（病害虫の防除法については第6章参照）。

凍害防止

「桝井ドーフィン」が順調に生育した場合、植え付け1年目で主枝候補枝も1.5m以上生育する。また、成木よりも落葉は遅く、枝はよく太っているものの、やや充実の悪い枝となる。このような植え付け1、2年の樹は、寒さに弱く、凍害に注意する必要がある。また、いつまでも暖かい年の晩秋や暖冬年の早春にはいっそう寒さに対して弱くなっている。温暖な地域以外では、主枝と主幹部を稲ワラで被覆する。被覆開始は落葉後から12月上・中旬とする。このとき枝の先端は切り返さない。

なお、候補枝の水平誘引を冬に行なうと、もっとも冷え込む地表面に枝を近づけることになり凍害を助長する。春、4月になってから水平に誘引する。

また、被覆した稲ワラの除去は、その地域で晩霜の心配がなくなる4月中・下旬以降とする。ただ、芽が少しふくらんで緑色になるまでは被覆しておけるが、あまり芽が伸び出すといためてしまう場合があるため、それまでに除去する。それ以降に晩霜の危険があるときは、主枝の上面に稲ワラをのせて対応する。（松浦克彦）

「蓬莱柿」の1年目の枝管理

前述のとおり、苗木は地上70㎝前後で切り返す。発生してきた新梢のうち、樹勢、角度、方向のよい枝を主枝候補枝として2本選び、棚に固定した支柱に沿って伸ばす。第一主枝と第二主枝の間隔は狭いほど勢力均衡をはかりやすい。主枝の分岐角度は主幹に対して45度とする（図8-9）。主枝候補枝以外の枝は、ねん枝などにより伸長を抑制する。

主枝候補枝が順調に生育すると棚面より高く伸びるので、新梢が硬化しないうちにこまめに棚面に誘引していく。このさいに先端部はやや斜め上に立つようにする。「蓬莱柿」は枝が太く硬い。枝が硬化した後に棚づけすると、枝折れや枝裂けしやすいので注意する。

冬季せん定では、主枝先端の充実不良の緑色部分を除く位置で主枝を切り返す。切り返す先端の芽は横芽とする。ただし、主枝の伸びが悪い場合や枝の先端まで茶褐色で充実し

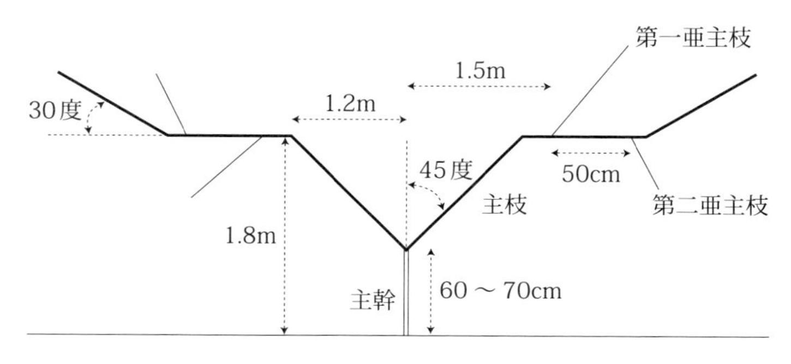

図8-9 「蓬莱柿」の平棚仕立て（2本主枝）の構成（粟村原図）

ている場合は、切り返さず、翌年は先端の頂芽から発生する新梢を主枝の延長枝とする。主枝以外の枝は基部から切る。　（粟村光男）

定植２年目の管理

主枝先端の切り返し

防寒資材を取り除いたのち、先端から約3分の1程度切り返す。ただし、冬季に樹皮や芽の色が褐変し枯れこんでいる場合は健全と思われる部分まで切り返す。切り返した枝の先端部の芽は、主枝をねじりながら誘引したときに横芽ないしはやや下芽となる芽とする。

主枝の誘引

一文字整枝、X字形整枝では前年伸長した主枝を倒して誘引する。倒すさいは水平もしくはごくわずかに主枝先端部が高くなるように調節する。主枝を弓なりに倒し、主枝の中央付近が高くなると、頂芽優勢によってその付近の結果枝が強くなり、結果枝が揃わないので注意する。また、誘引は慎重に行なわないと主枝が裂けてしまう。とくに前年に生育のよかった枝は太いため、一度に誘引するのはむずかしい。何回かに分けて倒すこと。誘引する時期は、樹液が動き出し、枝が曲げやすくなる4月以降とする。

やり方はまず、主枝の折損防止のため、マイカー線などで主枝同士を「8」の字に縛る（写真8-17）。次に、水平に対して20度ぐらいまで倒してから、2日程度おき、その後に水平に倒す。このさい、内側になる部分にノコギリで切り込み（枝の太さの3分の1～2分の1程度）を数箇所入れると曲げやすくなる（写真8-18）。曲げてから表面に癒合剤を塗る。切り込みを入れた部分は曲げたことで形成層同士が接するため、1年程度で癒合する。曲げるときはゆっくりと、少しねじりながら行なう（図8-10）。うまく曲げたつもりでも、翌日に折れていることもある。無理をせず、ノコ目を増やすなど慎重に行なう。

2年目も大事な芽かき

①20㎝間隔に結果枝を配置

主枝先端芽は翌年（定植3年目）の主枝候補となり、それより基部の芽は、今年（定植2年目）結実させる結果枝となる。結果枝の芽は、横向きから斜め下向きの芽を使う。主幹部付近では枝が強くなりやすいので、できれば斜め下の芽を使う。上向きの芽は強くなりがちで樹形を乱すもとになるため落とす。残す芽の間隔は片側40㎝、交互に20㎝間隔で配置する。したがって主枝1mあたり5本の結果枝を立てる。

②上芽や主枝分岐部近辺の芽はすべて取る

上芽はなるべく早く、発芽と同時に芽かきする。そのさいは副芽も発生しないように、

写真8-17　分岐部をマイカー線などでたすき掛けして裂けないようにする

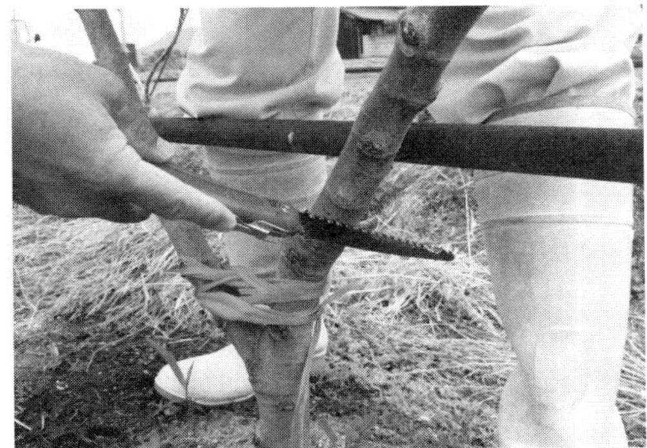

写真8-18　曲げる腹側にノコ目を入れる（上）、深さは枝の太さの半分程度で数箇所（下）

やや深くナイフで削り取る。次いで5月上・中旬にかけても芽かきを行ない、最終的な本数に減らす。2年生樹は多数の芽が発生するので、この間2、3回に分けて芽かきを行なう。また、主枝基部の芽は主幹に近く、毎年強すぎる結果枝が発生しやすくなる。分岐部から30㎝程度までに発生した芽はすべて取り除く。

主枝延長枝の管理

主枝延長枝は、1年生樹と同様、水平に対し30～45度の角度で誘引する。翌年は、分岐部が裂ける心配はないため、主枝を伸ばす方向にそのまま誘引する。副梢が発生するため、摘心はしない。

いっぽう、結果枝の誘引、摘心は成木と同じ方法でよい。成長した2年生樹は図8-11のようになる。

病害虫防除ほか

植え付け2年目には果実の収穫が始まるため、1年目の防除に加えて果実を加害するア

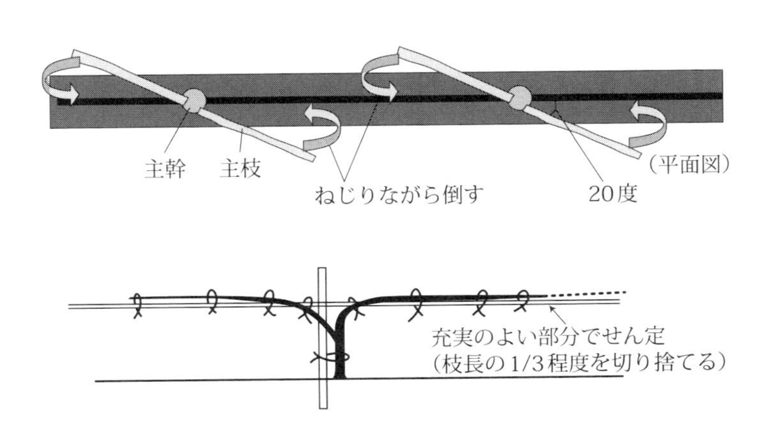

図8-10　主枝はねじりながら倒し、水平に誘引する

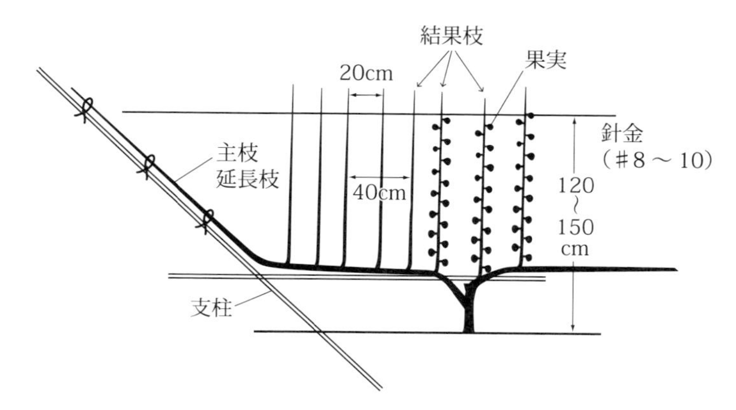

図8-11　2年生樹の樹姿（模式図、果実は省略）

ザミウマ類の防除も行なう。前述のように着果後15～20日後、幼果の目が開く時期（果実横径25～30㎜）に1回目の防除を行なうが、この段階の幼木は成木に比べて着果始めが遅く、ばらつきもあるため、着果始めを観察してむだな防除をなくすように心がける。その他の防除は1年目に準ずる。

その他の管理として前年同様、マルチと灌水を行なう。　（松浦克彦）

「蓬莱柿」の2年目の枝管理

主枝の上芽と下芽はできるだけ早期にかきとり、主枝の側面から発生した新梢を主枝上に交互に配置する。主枝の延長枝以外の枝はねん枝を行ない、主枝に対して直角に誘引して強勢にならないようにする。主枝の延長枝はまっすぐに伸びるように誘引し、先端部分は棚面から斜め上に立つようにする。

冬季せん定時には、主枝の延長枝を1年目と同様に充実のよい位置で切り返し、棚面から30度の角度で斜め上に誘引する。

主枝上の延長枝以外の新梢（以下、結果母枝）は間引きせん定を主体とし、主枝の延長枝と競合する枝、車枝、主枝の上面から発生した枝などを間引く。残した結果母枝は、初期収量を上げるための暫定的な亜主枝または側枝として利用するものなので、強勢にならないよう誘引角度を調整する。　（粟村光男）

9 定植3年目以降の枝管理

「桝井ドーフィン」の場合

前年同様、主枝延長枝は3分の1程度、先端を切り返す。主枝延長枝上の結果枝は基部の2、3芽を残して切り、結果母枝とする。

1芽ぶん、通常の切り返しより長く残すが、これは主枝がまだ細く、基部から太い結果枝が生じると、主枝延長枝と競合するためである。ワンクッションおいて、結果枝を少し落ち着けることができる。このとき残す芽の方向は、外側に向いていることが望ましい。残す芽が決まれば、1つ上の芽の位置でせん定する(図8-12)。

それ以降は、結果母枝から生じた結果枝は、枝の基部を1、2芽残して切る。主枝先端が隣の樹と接するようになれば、樹形は完成である。以降は毎年結果母枝のせん定を繰り返す。

なお、主枝延長枝の切り返しも、成園化を急ぐあまりついつい切り返しが甘く、主枝を長くとりがちである。主枝先端付近しかよい結果枝が得られなくなることが多いので、ここは思い切りが必要である。　（真野隆司）

「蓬萊柿」の場合

2年目と同様、主枝の側面から発生した新梢を左右交互に残す。先端部にはほかの結果母枝に比べて新梢を多く置く。主枝延長枝はまっすぐに伸びるように誘引し、先端部は棚面から斜め上に立つようにする。

3年目から亜主枝を配置していく。主幹より1.5m以上離れた主枝の側面か、やや下側面から発生した新梢を主枝に対して90度の角度で誘引し、主枝より強くならないようにする。第二亜主枝は第一亜主枝から50cm以上離してとる（図8−9参照）。亜主枝は、必ず主枝の棚面に上がった部位からとる。側枝から発生した新梢は、必要以上に残さない。

冬季せん定時には、主枝先端部はほかの部分より結果母枝を多く残す。また主枝先端が立つように誘引し、つねに強くなるようにする。

主枝、亜主枝および側枝上の結果母枝は間引きせん定を主体とし、基本的に切り返さない。結果母枝先端から発生する新梢を利用することで、樹勢が落ち着き、果実の成熟期も早くなる。暫定亜主枝や側枝は主枝や亜主枝の生育を妨げないよう、またせん定後の切り口が大きくならないよう、亜主枝候補が確保できた時点で早めに基部よりせん除する。

（粟村光男）

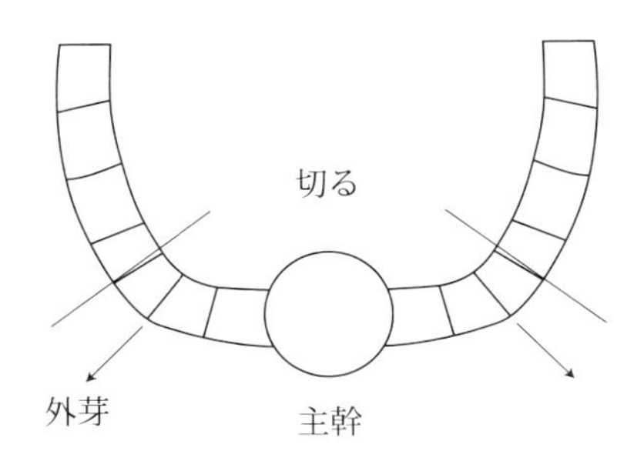

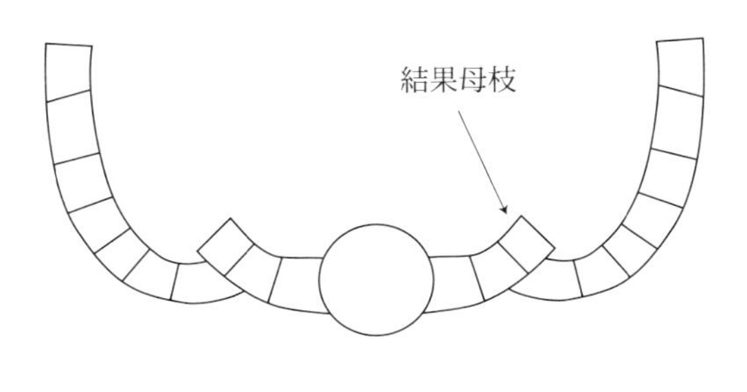

図8−12　植え付け3年目、はじめての結果母枝のせん定

残す芽の方向は、外側に向いているように切る。残す芽が決まれば、1つ上の芽の位置でせん定する

9章 新樹形、新栽培法

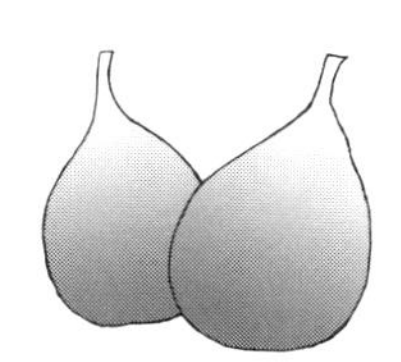

イチジクでは現在、凍害防止や高品質化、早期成園化、省力化などを目指し、さまざまな取り組みが行なわれている。開発中のものもあるが、いくつかを紹介しよう。

表9-1 主枝高が凍害発生に及ぼす影響
(2009)

主枝高 (m)	萌芽率[1] (%)	新梢長[2] (cm)	枯死樹率 (%)
0.6(慣行)	2.4	—	100
1.2	47.6	14.5	66.7
1.8	83.8	27.8	0

注 1)萌芽率：1年生枝上の芽から、萌芽した割合
2)新梢長：6月4日調査時点の長さ

1 省力・早期成園化が可能な新樹形

「桝井ドーフィン」の高主枝栽培

通常、一文字整枝は主枝の高さを40～60cm程度とするが、主枝の上面が凍害に弱いことが指摘されており、主枝を高くした仕立て方が検討されている。

現在、主枝を1.2～1.8mに高くした場合、主枝背面部の最低温度がこれまでの高さよりも2℃程度高くなり、凍害が軽減されることが明らかになっている（写真9-1、表9-1）。高主枝の樹形でも極端な低温には耐えられず、ある程度防寒の必要はあるが、凍害軽減技術として期待される。同時に、結果枝の受光態勢も良好なことから、果実品質の向上も期待される。

従来の一文字整枝では結果枝を垂直に誘引するが、主枝高1.2mでは新梢を水平に対し45～60度程度のやや斜めに、主枝高1.8mでは、10度程度水平より少し斜めに誘引する

写真9-1 主枝の高さによる凍害発生の差
主枝高を1.2～1.8mにすると主枝背面部の最低温度がこれまでの高さよりも2℃程度高くなり、凍害の発生が抑えられる

(図9−1)。今後、作業性と凍害防止、果実品質向上効果をあわせて検討し、技術確立を目指している。　(真野隆司)

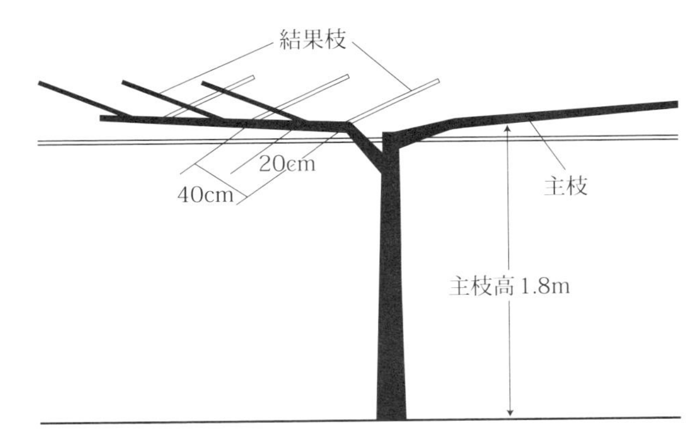

図9−1　高主枝栽培の模式図

樹体ジョイント仕立て

樹体ジョイント仕立ては、主枝を一方向に誘引し、隣接する樹の主枝を連結して直線状の集合樹にする新しい仕立て法で、早期成園化や栽培管理の省力・簡易化が期待できる。

イチジクの樹体ジョイント仕立ては、1年目に苗木の作成と養成を行ない、主枝となる新梢1本を養成する。翌春、地上40㎝程度の高さで主枝を水平誘引し、主枝の先端を隣接樹の主枝と連結する(図9−2)。主枝の連結が可能な1.2m程度の間隔で苗木を植栽すれば、主枝を連結したその年に樹形が完成し、果実の生産も開始することができる。

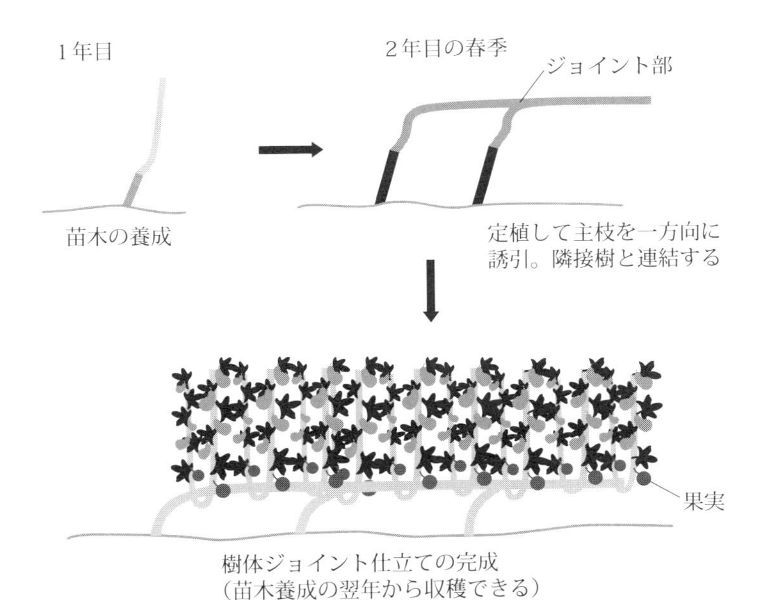

図9−2　イチジクの樹体ジョイント仕立ての方法

イチジクでは土壌病害の株枯病が問題となっており、抵抗性台木を利用した接ぎ木栽培が注目されている。病害の感染を抑制するには、台木は長いほうが望ましく、従来の仕立て法では主枝の位置が高くなりやすい。樹体ジョイント仕立てなら苗木を斜立で植栽して主枝高を低くすることが可能で、接ぎ木苗でも早期に樹冠が拡大できる。枝の配列は一文字整枝と同様で作業性は良好である。

留意点として、病害によっては接ぎ木部から隣接樹に病原菌の感染が広がる可能性がある。このため健全な苗木を使用する必要がある。

まだ新しい技術であり、植栽間隔が狭いと樹勢が旺盛になりやすいなどの課題があるが、今後、さらに技術の改良が進むものと思われる。　(鬼頭郁代)

「蓬莱柿」の平棚H型整枝

①より省力化を追究

樹勢が強く大樹になりやすい「蓬莱柿」では、低樹高化、収量安定、高品質化、省力化のため平棚栽培の導入が増加している。通常の平棚仕立てでは、栽植距離7m×7m〜10m×10mとして主枝を2、3本配置し、各

写真9-2 「蓬萊柿」の平棚開心自然形整枝

写真9-3 「蓬萊柿」の平棚H型整枝

主枝に亜主枝、側枝と配置していく（写真9-2）。この平棚仕立ては、開心自然形の立木仕立てと比較すると脚立も不要で省力的だが、新梢（結果枝）を棚面に不規則に配置しているため、枝梢管理や収穫作業に労力がかかる。とくに収穫時は果実のとり残しがないよう、結果枝を1本1本見てまわる必要があり、「桝井ドーフィン」の一文字整枝と比べて労力がかかる問題点があった。

そこで、より省力的な樹形として「平棚H型整枝」を開発した。

②ブドウの短梢せん定を応用

平棚H型整枝は、ブドウの短梢せん定を応用している。栽植距離8m×4mとし、主枝を4本H型に仕立て、各4mの主枝上に左右交互に20㎝間隔で結果枝を配置する（写真9-3）。樹形完成後は毎年、冬季せん定時には結果母枝をすべて2芽で切り返す。これから発生する新梢（結果枝）は、1本残してほかは芽かきする。残した結果枝は、主枝と垂直方向に棚面に誘引する。こうすることで、せん定や新梢管理が単純化するとともに、結果枝が棚面に規則正しく配置されるので、作業動線が直線化して省力になる（表9-2）。

ただし、平棚H型整枝は結果母枝をすべて2芽で切り返すため、新梢生育が旺盛になりやすい。その結果、果実品質が劣ったり、熟期が遅れたりする場合がある。そのような場合は、7月下旬に15節程度残して摘心する。樹冠拡大途中の若木では、樹勢を見ながら施肥量を加減する。

（粟村光男）

2 注目の新栽培技術

主枝更新栽培

ほとんど切り戻さない長いままの結果枝（前年枝）で主枝を毎年更新するせん定法である。大阪府で開発し、「リフレッシュせん定」と呼んでいる。

表9-2 「蓬莱柿」H型整枝が作業性に及ぼす影響（野方ら、2010）

整枝法	1果あたり収穫時間(秒)	10aあたり枝梢管理作業時間(時間)		
		芽かき	新梢誘引	せん定
平棚H型	2.9	3.9	12.4	5.2
平棚開心形	6.0	5.1	23.8	17.2

注　両樹形とも結果母枝をすべて2芽で切り返しせん定した

従来のせん定では、実が成り終わった結果枝は短く切り返すが、この方法では、1部の結果枝を長いまま残し、適当な角度に曲げて主枝として活用する（写真9-4）。これによって、通常は半永久的に残る主枝が、毎年若い枝で更新される。このため「リフレッシュせん定」と名づけられた。凍害やカミキリムシの食害で損傷した主枝も毎年取り替えることができる。

また、長い枝を活用するため発芽が1～2週間ほど早くなり、果実の成熟も早くなる。さらに、太い主枝などの材木部分が減って樹の生産効率が上がるためか、果実が大きくなるなどのメリットがいろいろある。

主枝を毎年切り落とすので、樹勢を弱らせずに、このせん定をいったい長年続けることができるかはよくわかっていないが、特別の器具を使わずに導入でき、従来の仕立てから切り替えるさいも収量に損失が出ない。今すぐにでも取り組める技術といえる。（細見彰洋）

写真9-4　主枝更新せん定を行なった一文字整枝のイチジク園（細見、2012）

「桝井ドーフィン」の超密植栽培

①2～3年内に成園並み収量に

通常4～5年程度要する成園化までの期間を、密植して開園後2～3年の早い時期に成園並み収量を上げる栽培法である。この栽培法は、早期成園化以外にも、いや地土壌での樹勢強化、凍害を受けて地上部がすべて枯死したさいの、回復策としても有効である。

②株間0.8～2.0mで栽植

植え付け間隔（株間）を決定する。この栽培方式でもっとも重要なのは、株間をどれくらいあけるかである。

列間は、作業性と下位節の着色向上のため、一文字整枝法の距離をそのまま確保し、2m程度とする、いっぽう株間は0.8～2.0mと、2～5倍程度につめて植える。その詳細は各園地の近辺の土質やほ場条件を参考にする。各条件別の目安は、おおよそ表9-3のようになる。とくに新植園は樹勢が強くなるため、株間は広いほうがよい。ただし、養成した主枝候補枝を倒した時点で、主枝が株間いっぱいに広がり、挿し木後2年で樹冠の拡大を終

表9−3　超密植栽培における栽植時の株間決定の判断材料

株間(m)	改植の有無	排水	土層	土質	地目	凍害の発生	慣行の株間
0.8 〜 1.6	改植地	不良	浅い	やせ地	水田	多	4m以下
1.6 〜 2.0	新植地	良好	深い	肥沃地	畑地	少	6m以上

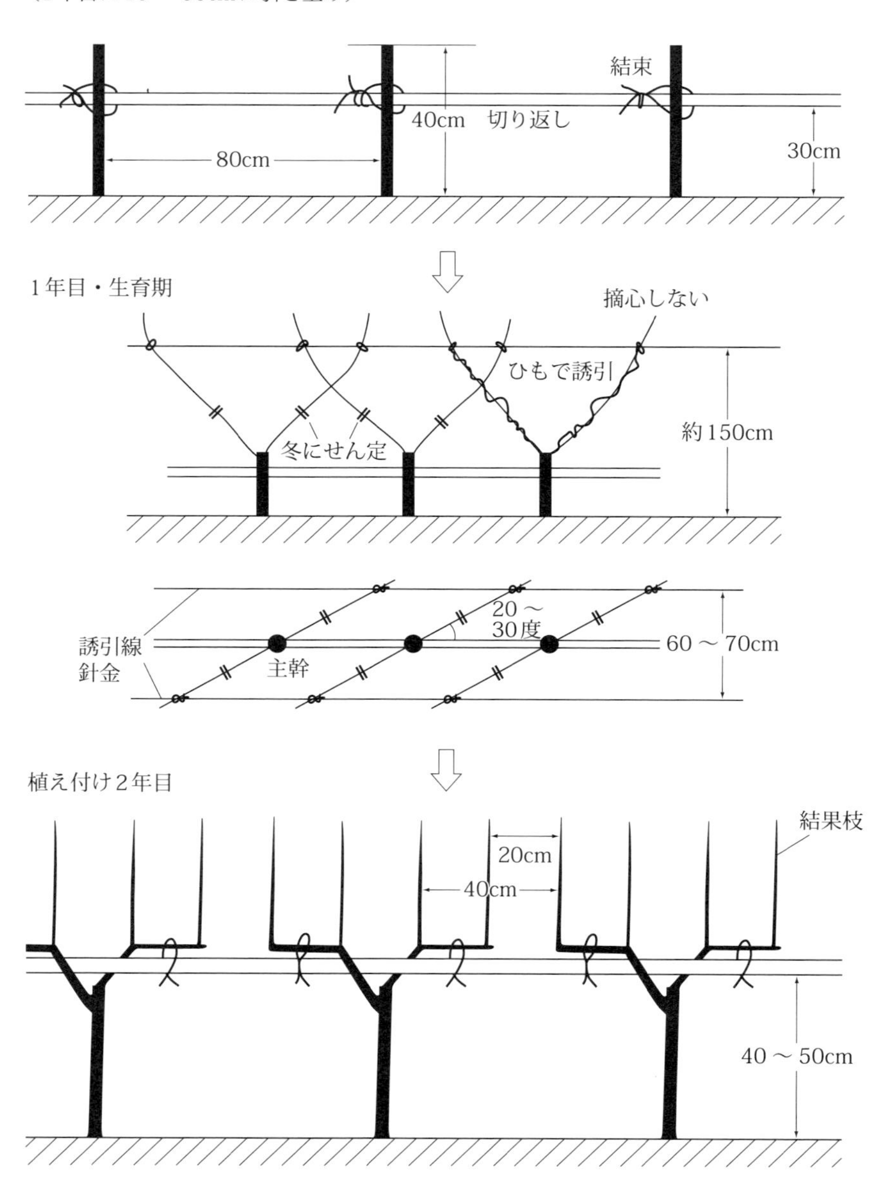

図9−3　超密植栽培の仕立て方

える間隔とする。次年度には予定の結果枝数（主枝1mあたり5本）を確保する。

③短い２本主枝の一文字樹形に

栽植間隔が決まったら、その位置に直接挿し木を行なって株を育成する（第8章6の「本圃直挿し法による開園」（102ページ）を参照）。活着した株は芽かきを行ない、1本の新梢を直上させる。

その後の整枝法は通常の一文字整枝法とまったく同じであり、ごく短い2本主枝の一文字形の樹をつくる（図9−3）。結果枝は品質向上のため、これも一文字整枝と同じ20㎝間隔で交互に配置する（主枝片側だと40㎝間隔、主枝1mあたり5本）。したがって株間0.8mであれば1樹あたり4本の結果枝となり、ほとんど主幹だけの株仕立てとなる。

写真9−5　超密植栽培の樹列
株間は0.8m、ほとんど主幹だけの株仕立てである

超密植栽培では、慣行よりも樹勢が強くなる（写真9−5）。施肥、とくにチッソの施用は控えめに行なう。また、「蓬莱柿」など樹勢の強い品種には不向きである。　　（真野隆司）

付　イチジク果実の加工・販売の工夫

ジャム、乾果の製造法

イチジクは糖やペクチン質を多く含み、不定形なものが多く、軟らかいという特徴がある。機能性成分としては色素であるアントシアニンなどを含むが、有機酸や香気が乏しく、果実の主たる加工品である果実酒や果実飲料には適しているとはいい難い。

イチジクの代表的な加工食品としてはジャム類、シロップ漬、乾果がある。ジャム、乾果はパン、ケーキ類など応用範囲が広い基本的な加工食品でもある。それぞれさまざまなつくり方があるが、ここでは基本的な方法を以下に示す。乾果については、最近加工食品として多く製品化されるようになった糖果の製造法を記す。

□ジャム

イチジクの加工品としてジャムは代表的なもので、以前はイチゴジャムの増量剤的な使われ方をしたときもあったが、近年はイチジクのみを使用したジャムが製造されている。

また、最近では加糖の量を控えたり、果実の形をできるだけ残して材料を前面に出したり、短時間で仕上げフレッシュさをアピールするなど、従来のジャムの概念を超えるものも多い。

さらに、フランス語でジャムを意味する「コンフィチュール」と名づけ、付加価値をつけた新感覚のジャムも登場してきている。「コンフィチュール」の本来の意味はジャムとまったく同義語であるが、たとえば砂糖で果汁を浸出させ、果汁だけを煮詰めたあとに果肉を漬け、フルーツの形状がかなり残るもの、野菜やナッツ、香辛料やハーブ、リキュールなど、フルーツ以外の要素も加えて仕上げたものなどがある。糖度も抑えぎみで、「フルーティーな風味を楽しめる保存漬け」というイメージで販売されている。

ジャムは比較的簡易に大量に製造でき、保存性が高く、かつ焼き菓子への利用など応用範囲も広い。このため各地で盛んにつくられ、イチジクの産地ごとに複数の種類のジャムがあるといっても過言ではない(写真付−1)。

写真付−1　各地のイチジクジャム商品

〈基本的なつくり方〉
◎材料　完熟イチジク（果肉の赤紫色が鮮明なもの、過熟なものでもよい）10kg、砂糖3kg、クエン酸50g
◎製造工程
❶調製　イチジクの果梗部など不要な箇所を取り除く。果頂部にカビの発生や虫がいる場合があるため確認する。洗浄後、皮をむき軽くつぶして釜に移す
❷加熱　クエン酸と半量の砂糖を加え沸騰させ、アクをとりながら煮る
❸濃縮　沸騰後約10分経過したところで残り半量の砂糖を加え、ジャムの状況をみながら糖度が50度になるまで煮る。仕上がりは10kg程度になる
❹充填　あらかじめ洗浄・殺菌したビンにジャムを充填する
❺殺菌　ビンを密封し湯浴で殺菌する。80℃、20分程度を目安とする
❻冷却　冷水を直接かけるとビンが割れるのである程度冷ましてから冷水で冷却する
❼包装・表示　ラベルなどを貼る
◎ポイント
ジャムにはペクチンを入れる場合が多いが、イチジクには不要である。樹上で熟した果実を使わないと色が薄くなる。アントシアニン色素が多く含まれるため果皮を入れることで色が鮮やかに、ペクチンも豊富になるが、皮についた傷や異物がクレームの対象となる場合もある。

加熱時間が長くなると色素の退色が大きくなるので、短いほうが望ましい。

ジャムは本来保存食品のため長期間の保存を目的としており、日本農林規格（JAS）の基準では糖度が40％以上と定められているが、最近では糖度が40％未満の低糖度のものが商品化されている。これらの商品は賞味期限が短いものや要冷蔵のものもあり、十分な管理が必要である。

□乾燥果実（乾果）、糖果

イチジクは紀元前から地中海沿岸で栽培されていた記録があり、現在でも同地域で大規模に生産され、乾果をはじめとした加工品が輸出されている。わが国も多く輸入されているが、近年では国産の乾果も製造されるようになり、添加物を使用しないものも製造されるようになってきている（写真付−2）。

また、最近では果実を煮てから乾燥させる「糖果」が各地で製品化され、高評価を得ている。この糖果は、焼き菓子の材料に用いられたり、チョコレートをコーティングしたりと応用範囲も広い。

写真付−2　乾燥イチジクの製造（左）と商品

〈基本的なつくり方〉

◎材料　完熟イチジク（果実が裂開しておらず、完熟でやや硬めのもの）5kg、砂糖1kg、クエン酸20g、水適量(赤ワインを入れると風味がよくなる)

◎製造工程

❶洗浄　軸の部分を切り落とすなど調製。果皮はむいてもむかなくてもよい

❷加熱　鍋にイチジクを並べ材料を入れてから、イチジクがかぶる程度の水を入れ1時間ほどアクをとりながら、かき混ぜずに煮たあと、火を止めて鍋のまま冷やす

❸濃縮　2～3日アクをとりながら1時間ほど煮て放置することを繰り返す

❹乾燥　最後に望む濃度まで煮詰めたら、冷却後にざるで蜜きりする。そのあとセパレート紙にのせて目標とする硬さまで乾燥する。天日で2～7日、乾燥機で12時間から24時間乾燥する。温度が高くなると褐変するので60℃以下で乾燥させる。

❺包装　乾燥後に個包する

◎ポイント

果皮はむいてもむかなくてもよいが、むくと色が明るく仕上がる反面、風味はやや弱くなる。

糖液は必要以上に沸騰させない。きれいに仕上げるためにもアクはていねいにとる。軟らかめに乾燥させたセミドライのほうが食味の評価は高い。

ピューレの製造法

ピューレ、冷凍から二次、三次加工へ

ピューレからさまざまな開発品が

近年、産地の増加やブランド化の推進により焼き菓子やドレッシング類、ゼリー、アイスクリーム、羊羹など(写真付-3)さまざまな

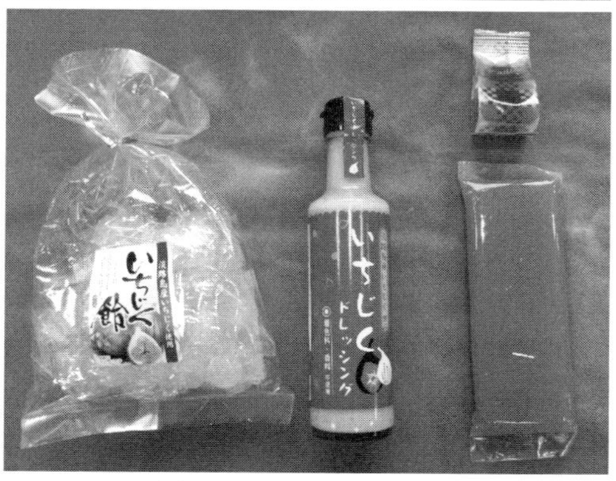

写真付-3　さまざまな加工食品

上左からカップケーキとイチジクのタルトタタン風カステラ、スティックケーキ、下は左から飴、ドレッシング、羊羹

写真付-4　イチジクのピューレ製造(上)とそれを冷凍保存している状態

イチジクの加工食品が増加する傾向にある。

国産であれば添加物などの使用をできるだけ抑え、賞味期限の短い商品でも流通させることができる。しかし、保存性の低いイチジクの果実を、そのつど処理して加工するのは多くの困難が伴う。そこで、果実をあらかじめピューレなどに一次加工しておけば比較的簡単に二次、三次加工を行なうことができ、新たな商品開発につながる。

兵庫県では剥皮などを行なった一次処理品を冷凍保存しておき、これを農閑期にピューレに加工して冷凍し、周年供給することでさまざまな加工食品の開発につなげている（写真付−4）。

〈基本的なつくり方〉

◎材料

完熟イチジク（果肉の赤紫色が鮮明なもの、過熟なものでもよい）洗浄、調製済のもの10kg。

◎製造工程

❶調製　イチジクの果梗部など不要な箇所を取り除く。果頂部にカビの発生や虫がいる場合があるため確認する。洗浄後、皮をむき軽くつぶすか裁断して釜に移す

❷加熱　沸騰させアクをとりながら短時間加熱する

❸充填　保存容器に充填する

◎ポイント

加工用途に応じて調製するが、短時間で加熱できるように、果実を小さめになるよう調製するのが望ましい。加熱により退色やゲル化がおこり食味も低下するので加熱時間はできるだけ短時間で行なう。糖度が低く殺菌も不完全になるため長期間の保存は冷凍で行なう。利用する加工食品が決まっている場合は食品に応じて調製方法や加熱時間を調整する。（小河拓也）

収穫後に冷凍して、あとで加工

イチジクは軟弱で腐敗しやすいため、加工用原料として利用する場合は、収穫後すぐに皮をむいて冷凍することが望ましい。しかし収穫期は忙しいため加工に要する時間が十分とれない。そこで、なるべく果実同士がくっつかないように冷凍して、後日、湯に漬けるなどして皮をむく方法がある。こうすることで、忙しい時期の皮むき労力を軽減できる（写真付−5）。

写真付−5　冷凍後に加工することで繁忙期の加工労力を軽減できる（「蓬萊柿」）

福岡県で育成された新品種「とよみつひめ」は、甘味が強く、果肉はち密でジューシーという特徴がある。この「とよみつひめ」は、新感覚のジャム、コンフィチュールに加工すると明るい色に仕上がり、ツヤもあって味もおいしくなる。またほかの加工品の原料としても利用できる。

今後も加工向けイチジクの需要は伸びると予想される。そうしたなか、冷凍後のこうしたコンフィチュール加工や、先のピューレ加工などで、加工業者と連携する新たな取り組みが重要になってくる。（粟村光男）

●イチジクに登録のあるおもな殺菌・殺虫剤(2020年10月現在)

【殺菌剤】

薬剤名・剤型	病害	希釈倍率(倍)	使用時期(収穫前日数)	使用回数(回以内/年)	備考
ICボルドー66D	株枯病	2～4	—	—	株元灌注
Zボルドー水和剤	疫病	1,000	—	—	
アミスター10フロアブル	疫病・さび病・そうか病・黒葉枯病	1,000	収穫前日	3	
アンビルフロアブル	さび病	1,000	収穫前日	2	
オンリーワンフロアブル	株枯病	2,000	生育期(ただし収穫前日まで)	3	灌注
キノンドーフロアブル	そうか病	600	60日	3	
コサイド3000	疫病	1,000	—	—	
コサイドボルドー	疫病	1,000～2,000	—	—	
ダコニール1000	疫病・黒葉枯病	2,000	収穫前日	2	
デランフロアブル	そうか病	1,000	75日	3	
トップジンM水和剤	株枯病	500	定植時および生育期ただし30日前まで	6	灌注
	黒葉枯病	1,000	7日	5	
	黒かび病	1,000～1,500	7日	5	
	そうか病	1,500	7日	5	
トップジンMオイルペースト	株枯病	原液	収穫後～休眠期	3	塗布
トップジンMペースト	切り口および傷口の癒合促進	原液	せん定整枝時	3	塗布
トリフミン水和剤	株枯病	500	定植時および生育期ただし30日前まで	6	灌注
	そうか病・さび病	2,000	7日	3	
フロンサイドSC	白紋羽病	500	30日	1	土壌灌注
ライメイフロアブル	疫病	3,000	収穫前日	3	
ラリー水和剤	さび病	2,000	収穫前日	4	
ランマンフロアブル	疫病	2,000	収穫前日	3	
ルミライト水和剤	株枯病	500	定植時および5～10月ただし30日前まで	6	1株あたり1ℓ灌注
レーバスフロアブル	疫病	2,000	14日	3	
ロブラール500アクア	黒かび病	1,000	3日	3	
ベンレート水和剤	株枯病	1,000	30日	5	株元灌注

【殺虫剤】

薬剤名・剤型	害虫	希釈倍率（倍）	使用時期（収穫前日数）	使用回数（回以内/年）	備考
アーデント水和剤	ハダニ類・アブラムシ類・ショウジョウバエ類・ハスモンヨトウ・ヨトウムシ	1,000	収穫前日	2	
アクタラ顆粒水溶剤	アザミウマ類	2,000	収穫前日	2	
アディオン乳剤	アザミウマ類・アブラムシ類	2,000	収穫前日	2	
	イチジクヒトリモドキ	3,000	収穫前日	2	
アプロードフロアブル	カイガラムシ類幼虫	1,000	14日	2	
アプロードエースフロアブル	カイガラムシ類	1,000	14日	1	本剤使用年にはダニトロン使用不可
園芸用キンチョールE	クワカミキリ	—	収穫前日	2	
オルトラン水和剤 またはジェイエース水溶剤	アザミウマ類	2,000	45日	1	
ガットサイドS	カミキリムシ類	原液	4～9月 ただし7日前	3	株元から結果母枝まで塗布
	アイノキクイムシ	原液～1.5倍	4～7月 ただし7日前	3	株元から結果母枝まで塗布(原液) 主幹部に散布（1.5倍液）
コテツフロアブル	カンザワハダニ・ヒラズハナアザミウマ	2,000	収穫前日	2	
コロマイト乳剤	ハダニ類	1,000	収穫前日	1	
サンマイト水和剤	ハダニ類・イチジクモンサビダニ	1,000～1,500	45日	1	
スカウトフロアブル	アザミウマ類	2,000	収穫前日	3	
スターマイトフロアブル	ハダニ類	2,000	収穫前日	1	
スピノエース顆粒水和剤	アザミウマ類	5,000	収穫前日	1	
ダニサラバフロアブル	ハダニ類	1,000～2,000	収穫前日	2	
ダニトロンフロアブル	ハダニ類	1,000～2,000	3日	1	本剤使用年にはアプロードエース使用不可
	イチジクモンサビダニ	2,000	3日	1	
ダントツ水溶剤	アザミウマ類	2,000～4,000	3日	3	
	カミキリムシ類	2,000	3日	3	
ニッソラン水和剤	ハダニ類	2000～3,000	収穫前日	2	
ネマトリンエース粒剤	ネコブセンチュウ	—	60日	1	20kg /10a 樹冠下処理
ダニコングフロアブル	ハダニ類	2,000	収穫前日	1	
ディアナWDG	アザミウマ類 ショウジョウバエ類	5,000 10,000	収穫前日	2	

薬剤名・剤型	害虫	希釈倍率（倍）	使用時期（収穫前日数）	使用回数（回以内/年）	備考
サンクリスタル乳剤	ハダニ類	600	収穫前日	—	
バイオセーフ	キボシカミキリ幼虫	10g/2.5ℓ	産卵期〜幼虫食入期	—	生物農薬
バイオリサ・カミキリ	カミキリムシ類	—	成虫発生初期	—	1本/1樹　地際に近い主幹の分枝部分などに架ける。生物農薬
パストリア水和剤	ネコブセンチュウ	1〜5kg/150〜200ℓ	定植前	—	生物農薬 土壌表面に散布し混和
		1〜5kg/300ℓ	生育期	—	生物農薬 土壌表面に散布
バロックフロアブル	ハダニ類	2,000	収穫前日	1	
ピラニカ水和剤	ハダニ類・イチジクモンサビダニ	2,000	7日	1	
マイトコーネフロアブル	ハダニ類	1,000	収穫前日	1	
マシン油95乳剤	カイガラムシ類	12〜14	—	—	
モスピラン顆粒水溶剤	キボシカミキリ・イチジクヒトリモドキ・カイガラムシ類・アザミウマ類	2,000	収穫前日	3	

【殺菌・殺虫剤】

薬剤名・剤型	病害	希釈倍率（倍）	使用時期（収穫前日数）	使用回数（回以内/年）	備考
石灰硫黄合剤	カイガラムシ類、ハダニ類、越冬病害虫	7〜10	発芽前	回数制限なし	

〈参考：薬害軽減剤〉

薬剤名・剤型	目的	希釈倍率（倍）	使用時期（収穫前日数）	使用回数（回以内/年）	備考
クレフノン、またはアプロン	銅水和剤による薬害軽減	200	—	—	銅水和剤に混用して散布

●農薬の登録適用の拡大と失効について

農薬の登録適用拡大は毎日行なわれている。また営業的な理由などからしばしば登録が失効になる。

本書では、本書が出版された時点で登録のある農薬を記している。したがって本書出版以後に新たに登録された農薬、もしくは適用拡大された病害や害虫については取り上げず、また失効した農薬も削除されていない（増刷時可能な範囲で対応）。

実際の使用にあたっては以上の点に留意のうえ農薬を選ぶとともに、ラベルに記載の対象病害、害虫のみに使用してください。

●イチジクのおもな品種

品種名	収穫期（キング、ビオレ・ドーフィン以外は秋果）	果実重（g）	果皮色	果実内部（雌花）の色	甘味	耐寒性	樹勢	コメント
<夏果専用種>								
キング	6/下〜7/中	40〜60	黄緑色	桃色	多	やや強	強	6月には熟する夏果専用種、裂果が少なく食味良好である。夏果専用種のなかではもっとも収量が多い
ビオレ・ドーフィン	6/下〜7/上	100〜150	赤紫色	紅色	多	強	やや強	大果で品質良好であるが、果皮は薄くて弱いため輸送性に劣る
<秋果の利用が主体となる品種>								
桝井ドーフィン	8/中〜11/上	70〜120	紫褐色	桃色	中	弱	中	日本でもっとも栽培が多い。品質は中程度であるが、大果で収量性が大きい。裂果は少なく、外観良好である
サマーレッド	8/上〜11/上	80〜120	赤褐色	桃色	中	弱	中	「桝井ドーフィン」の早生系枝変わり品種。外観や食味は「桝井ドーフィン」に似るが、果皮は赤褐色で光沢がある
蓬莱柿	9/上〜11/中	60〜70	赤紫色	鮮紅色	中	強	強	古くより栽培され、耐寒性が強く、樹勢も強い。裂果が大きく、品質は中程度であるが独特の酸味と風味がある
ブルンスウィック	8/中・下〜10/下	60	黄褐色	淡黄白色	多	強	強	東北地方の「在来種」はこの品種と推定。食味はよいが、裂果が多く腐敗しやすいため、加工向き
ホワイト・ゼノア	8/中〜11/中	60〜70	黄緑色	紅色	中	やや強	強	品質は中程度で日もちが悪いが、比較的大果。東北での栽培は前述の「在来種」が誤称されている場合もある
ネグロ・ラルゴ	8/下〜9/下	40〜50	紫黒色	淡紫色	多	中	中	甘味、酸味とも強く、濃厚な味で品質良好である
セレスト	8/上〜9/中	20	淡紫褐色	淡紫紅色	多	強	中	小玉であるが甘味が非常に強い。皮ごと食べることもできる
ブラウン・ターキー	8/下〜11/上	50	橙褐色	橙紅色	中〜多	強	弱	樹勢は弱いがつくりやすく、食味も比較的よい
カドタ	8/中〜10/下	30〜60	黄緑色	淡桃色	中〜多	やや強	強	甘味、酸味とも中程度であるが、日もちはよい
ビオレ・ソリエス	9/上〜11/中	40〜60	紫黒色	鮮紅色	多	強	強	結実量が少ないが、甘味が強く、きわめて食味がよい
コナドリア	8/中〜9/下	50〜100	黄緑色	紅色	中〜多	強	強	大果で食味も比較的良好である
ブルジャソット・グリース	8/下〜11/上	50	淡紫黒色	濃紅色	多	強	強	甘味、酸味とも強く、濃厚な味で品質良好である

編著者

真野隆司（兵庫県立農林水産技術総合センター　農業技術センター農産園芸部）

著者（五十音順）

粟村光男（福岡県農林業総合試験場　企画部）
小河拓也（兵庫県立農林水産技術総合センター　北部農業技術センター農業・加工流通部）
鬼頭郁代（愛知県農業総合試験場　企画普及部）
細見彰洋（大阪府立環境農林水産総合研究所　食の安全研究部）
松浦克彦（兵庫県立農林水産技術総合センター　企画調整・経営支援部）

イチジクの作業便利帳

2015年 8 月10日　第1刷発行
2023年 7 月 5 日　第7刷発行

編著者　真野　隆司

発行所　一般社団法人 農山漁村文化協会
郵便番号 335-0022　埼玉県戸田市上戸田２－２－２
電話　048(233)9351(営業)　048(233)9355(編集)
FAX　048(299)2812　振替　00120-3-144478
URL　https://www.ruralnet.or.jp/

ISBN978-4-540-13105-9　DTP製作／(株) 農文協プロダクション
〈検印廃止〉　印刷・製本／凸版印刷(株)

定価はカバーに表示
乱丁・落丁本はお取り替えいたします。